MATLAB/Scilab
で理解する**数値計算**

櫻井鉄也

東京大学出版会

MATLABは米国Math Work社の登録商標です．
Windowsは米国Microsoft社の登録商標です．
MacOSは米国Apple社の登録商標です．

An Introduction to Numerical Methods with MATLAB and Scilab

Tetsuya SAKURAI

University of Tokyo Press, 2003
ISBN978-4-13-062450-3

はじめに

　本書は，数値計算で現れる基本的なアルゴリズムの理論や特徴について理解することを目的とし，大学の理工系学部および大学院の学生用の教科書として書いたものである．数値計算に便利なツールである MATLAB と Scilab の入門書としても利用できる．

　コンピュータの能力を示す1つの指標に Flops というものがある．これは1秒間に何回の計算を行うことができるかを表わしており，近ごろでは家庭のゲーム機でも 1G Flops 以上の能力をもっている．$1G = 10^9$ なので，1秒間に10億回以上の計算を行えることになる．このような計算能力とそれを利用する技術の発展によって，実際の製品を試作せずコンピュータ上で仮想的に製品の性能評価を行うバーチャルプロトタイピングや，計算によって実際の実験を行わずに材料などの性質を調べるバーチャルラボラトリといったことが実現可能になってきた．

　しかし，数学で理論的に正しいはずの式や計算法がコンピュータで計算するときにはそのままでは使えないことがしばしばある．コンピュータでは現実の現象をそのまま扱うことはできず，そこにはデジタル化したデータの問題や演算回数の制約といった問題が加わる．数値計算のパッケージなどを用いる場合でも，ブラックボックスとして利用するよりはある程度内容についての理解があった方がよい．

　数値計算では，理論を学ぶだけではなく実際にコンピュータ上で実行して何が起こるかを実感することが重要である．本書では，読者が自分で試すことができるように MATLAB と Scilab を用いた実行例を掲載している．MATLAB と Scilab は対話的に実行して比較的簡単に計算結果を得ることができ，複素数やベクトル，行列など数値計算で必要なデータを扱うことができる．また，連立一次方程式や固有値問題などの解を得るためのソフトウエアが標準

で用意されている．グラフなどの表示機能も豊富で数値計算のアルゴリズムや性質を理解するのに適した言語である．

第1章では本書で用いるMATLABやScilabについて，はじめて利用する読者でも理解できるように実行例を示しながら解説をする．第2章ではコンピュータが扱う数値と演算について述べ，浮動小数点数，アンダーフローとオーバーフロー，誤差と計算量などについて説明する．第3章では関数の近似法について述べる．以後の章で紹介する方法の多くはこの章の近似法を基本としている．第4章では最小二乗法について述べる．第5章では連立一次方程式の解法について述べる．大規模なシミュレーションなどでは問題が連立一次方程式に帰着することが多い．大規模な行列についてもデータ表現や演算，方程式の解法などを示す．第6章では固有値問題の解法について述べる．Webページの人気ランキング度に用いられる方法との関連についても紹介する．第7章では非線形方程式の解法について述べる．第8章では常微分方程式と数値積分について述べる．

ScilabはWindows版やLinux版がフランスの国立研究機関であるIN-RIA (Institut Nationale de Recherche en Informatique et en Automatique) のホームページで公開されている．MacOSX版も入手可能である．インストールや利用法などの情報についてはホームページ http://www.cs.tsukuba.ac.jp/~sakurai/matsci.html で紹介するので参考にしてほしい．

本書を執筆するにあたって，筑波大学名取亮教授，北川高嗣教授，伊藤祥司助手には有益なご意見をいただいた．また，工藤博幸助教授，山田武志講師にはCT画像や音声認識への応用に関して助言をいただいた．伊東拓君，多田野寛人君をはじめとする筑波大学数値解析研究室の学生のみなさんにはずいぶん助けていただいた．心より感謝の意を表したい．

最後に，出版にあたり大変お世話になった東京大学出版会の岸純青氏，小池美樹彦氏に厚くお礼申し上げる．

2003年8月

櫻井鉄也

目　　次

はじめに ………………………………………………………………… iii

1. 数値計算のためのツール …………………………………………… 1
   1.1　MATLAB と Scilab …………………………………………… 1
   1.2　プログラミング ………………………………………………… 5
      1.2.1　基本的な操作 ……………………………………………… 5
      1.2.2　ベクトル，行列の操作と演算 …………………………… 15
      1.2.3　条件，繰り返し …………………………………………… 33
      1.2.4　関数の定義 ………………………………………………… 38
      1.2.5　文字の取り扱い …………………………………………… 41
      1.2.6　多　項　式 ………………………………………………… 46
      1.2.7　ディレクトリ操作 ………………………………………… 51
      1.2.8　MATLAB から Scilab への変換 ………………………… 52
   1.3　グラフの出力 …………………………………………………… 52
      1.3.1　MATLAB でのグラフ出力 ……………………………… 52
      1.3.2　Scilab でのグラフ出力 …………………………………… 64

2. 有限桁の数値 ………………………………………………………… 71
   2.1　浮動小数点数と誤差 …………………………………………… 71
      2.1.1　浮動小数点数の表現 ……………………………………… 71
      2.1.2　オーバーフロー，アンダーフロー ……………………… 73
      2.1.3　丸　め　誤　差 …………………………………………… 75
      2.1.4　桁落ちと情報落ち ………………………………………… 77

  2.2　デジタル世界の落とし穴 ………………………………… 78
  2.3　計　算　量 ………………………………………………… 87
  2.4　メ モ リ ー ………………………………………………… 89

3. 関数の近似法 …………………………………………………… 95
  3.1　多項式による近似 …………………………………………… 95
    3.1.1　多項式補間 …………………………………………… 95
    3.1.2　Lagrange 補間 ……………………………………… 99
    3.1.3　Runge の現象 ……………………………………… 101
    3.1.4　Maclaurin 展開を用いた近似 …………………… 104
  3.2　離散 Fourier 変換 ………………………………………… 111
  3.3　有理関数による近似 ……………………………………… 116
    3.3.1　Padé 近　似 ………………………………………… 116
    3.3.2　無限遠点での Padé 近似 …………………………… 120
    3.3.3　形式的直交多項式 …………………………………… 121

4. 最小二乗法 ……………………………………………………… 127
  4.1　最小二乗法 ………………………………………………… 127
  4.2　QR 分　解 ………………………………………………… 132
  4.3　Householder 変換 ………………………………………… 135

5. 連立一次方程式の解法 ………………………………………… 141
  5.1　直　接　法 ………………………………………………… 141
    5.1.1　LU 分解と Cholesky 分解 ………………………… 141
    5.1.2　消　去　法 …………………………………………… 146
    5.1.3　前進代入と後退代入 ………………………………… 151
    5.1.4　軸　選　択 …………………………………………… 152
  5.2　誤差の伝搬 ………………………………………………… 155
    5.2.1　行列の条件数 ………………………………………… 155
    5.2.2　スケーリングによる見かけ上の条件数の変化 …… 160
  5.3　Krylov 部分空間に基づく反復解法 …………………… 162

5.3.1 反復解法 ………………………………………… 162
  5.3.2 Krylov 部分空間法 ………………………………… 163
  5.3.3 共役勾配法 ……………………………………… 165
  5.3.4 前処理 …………………………………………… 169
 5.4 大規模疎行列 ………………………………………… 170
  5.4.1 疎行列のための関数 …………………………… 170
  5.4.2 疎行列の格納方法 ……………………………… 178
  5.4.3 対称行列に対する前処理つき共役勾配法 ……… 184

6. 固有値問題の解法 …………………………………… 193
 6.1 固有値を求める関数 ………………………………… 193
 6.2 べき乗法 ……………………………………………… 198
  6.2.1 固有ベクトルの計算 …………………………… 198
  6.2.2 固有値の計算 …………………………………… 199
 6.3 逆反復法 ……………………………………………… 201
 6.4 Lanczos 法 …………………………………………… 202

7. 非線形方程式の解法 ………………………………… 207
 7.1 非線形方程式の解を求める関数 …………………… 207
 7.2 関数の近似と反復法 ………………………………… 210
 7.3 複数の解を見つける同時反復法 …………………… 213
 7.4 反復の停止 …………………………………………… 216

8. 常微分方程式と数値積分 …………………………… 221
 8.1 常微分方程式の解法 ………………………………… 221
 8.2 数値積分の計算 ……………………………………… 224

参考文献 …………………………………………………… 229

索 引 ……………………………………………………… 231

第1章

数値計算のためのツール

　数値計算法を理解するときには，実際にコンピュータを使って計算をしてみることが大切である．このとき，プログラミングの習得に労力を要してしまうようでは計算法の本質を理解することは難しい．また，計算結果などをグラフにプロットしてみることで理解が深まることも多い．

　本書では，数値計算のツールとして MATLAB と Scilab を用いる．この章ではこれらのツールの特徴や使い方について解説する[1]．

1.1　MATLAB と Scilab

　MATLAB は，数値計算で現れるベクトルや行列，複素数などを扱うときに便利な機能を備えたプログラム言語であり，連立一次方程式や常微分方程式，数値積分などのための各種の関数や豊富なグラフの表示機能を備えている．Scilab はフランスの国立研究機関である INRIA で開発されたフリーのソフトウェアで MATLAB と同様の特徴をもっている．

　これらは対話的に実行することができるため，逐次的に実行しながら理解を深めることができる．また，変数の型宣言や配列宣言を書く必要がないため，プログラミングも修得しやすい．

　たとえば，2つの複素数 $p = a + bi$ と $q = c + di$ の積

$$r = p \times q$$

を計算するとき，複素数を扱うことができないプログラム言語を用いるときには，複素数の実部と虚部それぞれの計算を

---

[1] 本書に関連した情報や Scilab の入手方法などは http://www.cs.tsukuba.ac.jp/~sakurai/matsci.html を参照されたい

$$r_r = ac - bd$$
$$r_i = ad + bc$$

のように表してから，これをプログラムで書くことになる．ここでiは虚数単位 $\sqrt{-1}$ である．

また，n 次正方行列

$$A = \begin{pmatrix} a_{11} & a_{12} & \cdots & a_{1n} \\ a_{21} & a_{22} & \cdots & a_{2n} \\ \vdots & \vdots & & \vdots \\ a_{n1} & a_{n2} & \cdots & a_{nn} \end{pmatrix}$$

と n 次元ベクトル

$$\boldsymbol{x} = \begin{pmatrix} x_1 \\ \vdots \\ x_n \end{pmatrix}$$

の積 $\boldsymbol{y} = A\boldsymbol{x}$ の計算では，ベクトル $\boldsymbol{y}$ の各要素について，

$$y_i = \sum_{j=1}^{n} a_{ij} x_j, \quad i = 1, 2, \ldots, n$$

のような計算をプログラムで行う必要がある．

MATLAB ではこのような計算は，

```
p = a + b*i;
q = c + d*i;
r = p*q;
```

や

```
y = A*x;
```

のように記述できる．Scilab でも虚数単位を表す i が %i となるだけで，

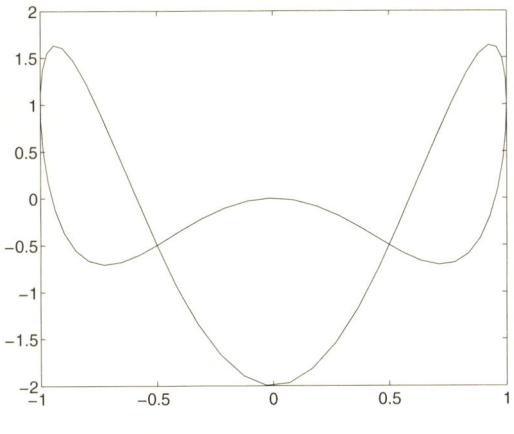

図 1.1 2次元グラフの例

ほぼ同様の記述が可能である．

関数のグラフも比較的簡単な記述で得ることができ，たとえば $x = \cos t$ と $y = \sin 3t + \cos 2t$ で表されるグラフは，パラメータ t の範囲の指定と plot 命令の2行を次のように入力する．

―――――― MATLAB & Scilab ――

```
t = 0:0.1:6.3;
plot(cos(t), sin(3*t)+cos(2*t));
```

この例では t を 0 から 0.1 刻みで 6.3 までの値を要素に持つベクトルとし，その各要素上で $x = \cos t$ と $y = \sin 3t + \cos 2t$ の値を求めてそれを線で結んで曲線を描いている．これによって図 1.1 のようなグラフが得られる．

MATLAB で以下のような入力をすると，$0 \leq x, y \leq 8$ の範囲で関数 $e^{-x} \cos y$ の3次元のグラフが得られる（図 1.2）．

―――――――――― MATLAB ――

```
ezmesh('exp(-x)*cos(y)', [0, 8, 0, 8]);
```

Scilab では次のように入力すると同様のグラフが得られる．

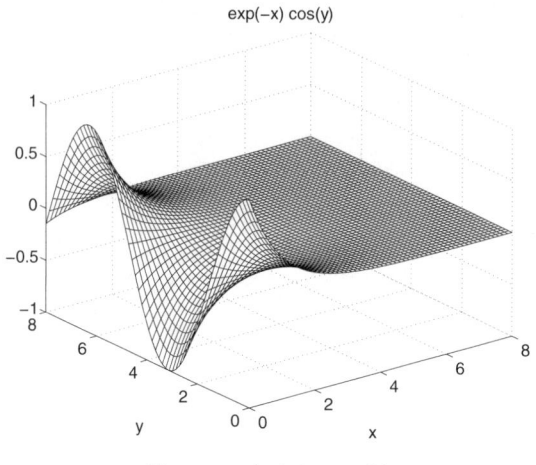

図 1.2　3次元グラフの例

```Scilab
deff('[z] = f(x,y)', 'z = exp(-x)*cos(y)');
x = 0:0.2:8; y = x;
fplot3d(x, y, f);
```

ここで用いた記号や関数などについては次節で説明する．入力例の右上にMATLABかScilabのどちらで実行する例なのかを示している．なお，入力例が共通の場合には，出力結果の例はMATLABを用いることにする．

本書では，MATLABやScilabを用いて作成した例題を実行することで，実際に結果を確認しながら数値計算のアルゴリズムやその性質を理解していく．CやFORTRANなどの言語でプログラムを開発する場合であっても，あらかじめMATLABやScilabのような言語でアルゴリズムの確認をしておいて途中の値などを比較しながらプログラムを作成していくことで，デバッグなどの手間を少なくすることができる．

1.2 プログラミング

1.2.1 基本的な操作

本節では，MATLAB や Scilab を利用するためにこれらの言語の基本的な機能や利用法について説明する．説明は MATLAB を中心に進めていくが，その多くは Scilab でもそのまま適用できる．異なる場合には Scilab に関する説明を加えるようにし，両者の対応関係がわかりやすいようにしている．

 入力

MATLAB や Scilab を起動すると対話的に命令を実行するウィンドウが開く．図 1.3 と図 1.4 にそれぞれ MATLAB と Scilab のウィンドウを示す．

MATLAB のウィンドウ上に表示されている記号 `>>` に続けて文字列を入力し，改行キーを押すことで対話的に命令を実行することができる．Scilab では記号 `-->` が入力を示す記号として使われる．

変数 a に数値 5.1 を代入するときの表記は `a = 5.1` のようにする．

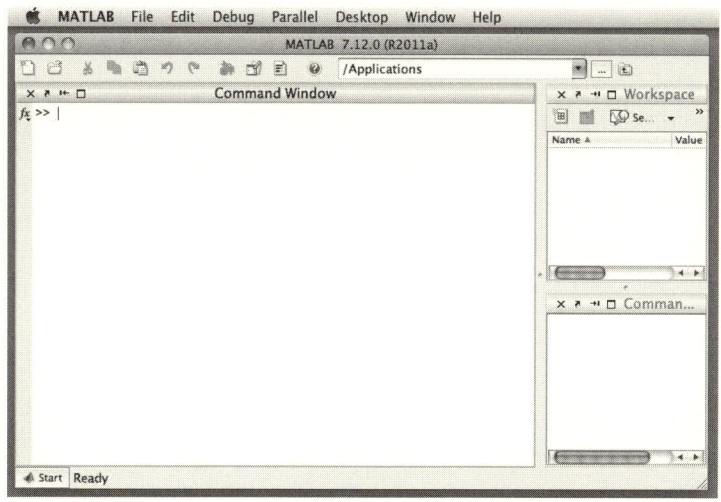

図 **1.3** MATLAB のウィンドウ

図 1.4　Scilab のウィンドウ

───────────────────────── MATLAB & Scilab ─
```
>> a = 5.1
```

改行キーを押すと代入の結果が表示され,

───────────────────────── MATLAB & Scilab ─
```
>>  a = 5.1
a =
    5.1000
```

となる.

1.25×10^{-2} のような数値を入力するときは, 次の例のように指数部を e の後に続けて入力する.

───────────────────────── MATLAB & Scilab ─
```
>> a = 1.25e-2
a =
    0.0125
```

MATLABでは % から後ろはコメントとみなされるので，そこに書いてあることは実行結果に影響しない．

```
───────────────────────────────────────MATLAB─
>> a = 2      % real constant
a =
     2
```

Scilabではコメントには // が用いられる．

```
────────────────────────────────────────Scilab─
--> a = 2      // real constant
a =
     2.
```

対話的に実行しているときには結果が出力されるのは便利であるが，プログラムとして実行したり大量のデータを扱うときにはわずらわしい．このようなときには行末にセミコロンをつけると結果は出力されない．

変数名では大文字と小文字を区別しているので，以下のように変数名として a と A を混在させることもできる．

```
──────────────────────────────MATLAB & Scilab─
>> a = 5.1;
>> A = 3.2;
>> a + A
ans =
        8.3
>> b = a + A
b =
        8.3
>> disp(a + A)
        8.3
```

変数 b に値や計算結果を代入したときは結果の出力は b = のように変数名が示されているが，代入を行っていないときには ans = と表示される．結果だけを表示させるには関数 disp を用いる．

1行に複数の命令を書くときにはカンマかセミコロンで区切る．カンマのときは結果が出力されるが，セミコロンのときは出力されない．

───────────────────────────────── MATLAB & Scilab ─
```
>> a = 1, b = 2, c = a + b
a =
     1
b =
     2
c =
     3
>> a = 1; b = 2, c = a + b;
b =
     2
```

行末にピリオドを ... のように3つ続けて書くと次の行が継続しているものとみなし，連続した1行として扱う．

───────────────────────────────── MATLAB & Scilab ─
```
>> y = 1 + 2 + 3 + 4 + 5 + 6 + ...
       7 + 8 + 9 + 10
y =
    55
```

1.2 プログラミング

画面への出力

MATLAB で変数 a に 1.41421356 を代入してみる．

```
>> a = 1.41421356
a =
        1.4142
```

結果は 1.4142 だけ表示されているが，a の値は 6 桁め以降が切り捨てられているわけではなく表示されていないだけである．表示方法の変更は MATLAB では `format` 命令を用いる．

```
>> format long
>> a
a =
   1.41421356000000
```

命令の使用法やオプションなどは `help` によって確認できる．MATLAB で `format` 命令についてみると，

```
>> help format
FORMAT Set output format.
 All computations in MATLAB are done in double precision.
 FORMAT may be used to switch between different output
 display formats as follows:
 FORMAT           Default. Same as SHORT.
 FORMAT SHORT    Scaled fixed point format with 5 digits.
 FORMAT LONG     Scaled fixed point format with 15 digits.
 FORMAT SHORT E  Floating point format with 5 digits.
 FORMAT LONG E   Floating point format with 15 digits.

    （途中省略）

 Spacing:
    FORMAT COMPACT Suppress extra line-feeds.
    FORMAT LOOSE   Puts the extra line-feeds back in.
```

のようになる．これより何も指定をしないとき，あるいは short では 10 進 5 桁の表示となり，long では 10 進 15 桁の表示となることが確認できる．

MATLAB においてオプションを変えて format 命令を実行して，1/(7e-5) と入力したときの計算結果の出力例を示す．

オプション	1/(7e-5) の出力結果
short	1.4286e+04
short e	1.4286e+04
short g	14286
long	1.428571428571429e+04
long g	14285.7142857143
hex	40cbe6db6db6db6e

本書で計算結果の出力を示すときは，見やすいように必要に応じて short, long, compact などのオプションを使い分けて format 命令を用いるが，

特にこの命令は明示しないことにする．

Scilab でも format 命令を用いるが使い方は異なる．1つ目の引数で 'v' か 'e' によって指数部をつけるかどうかを指定する．2つ目の引数で出力するときの文字数の上限を指定する．この値は数値の桁数を指定しているわけではない．

```
-Scilab-
--> format('v',7);
--> sqrt(2)
 ans  =
    1.4142
--> format('v',12);
--> sqrt(2)
 ans  =
    1.414213562
--> format('e',12);
--> sqrt(2)
 ans  =
    1.41421E+00
```

オンラインヘルプ

MATLAB では format と調べたい命令や関数の名前を空白で区切って入力する．より詳しいヘルプは helpwin，あるいは helpdesk と入力する．

Scilab の場合は help 命令を入力すると別のウィンドウにヘルプが表示される．

特別な変数

いくつかの変数名は特別な値を表すために用いられる．MATLAB では pi は円周率を表し，i と j はどちらも虚数単位を表す．

```
                                                            ─MATLAB─
>> pi
ans =
    3.14159265358979
>> i
ans =
   0 + 1i
```

これらの変数に別の値を代入すると値が変わってしまうので注意が必要である．

次の例では pi に 3 を代入している．いったん他の値を代入すると普通の変数に値を代入したときとまったく同じで，以後はその値に変わったままになる． clear 命令は変数を初期状態に戻すので，この命令の後では pi の値はもとに戻っている．

```
                                                            ─MATLAB─
>> pi = 3;
>> 2*pi
ans =
     6
>> clear pi
>> pi
ans =
    3.14159265358979
```

$\pi = 4\tan^{-1} 1$ や $i = \sqrt{-1}$ の関係を用いて pi や i の値を設定することもできる．次の例では，関数 atan と sqrt を用いて π と i を求めている．

1.2 プログラミング

表 1.1 値が用意されている変数

値	MATLAB	Scilab
直前の代入結果	ans	
直前の計算結果	ans	ans
$1+\epsilon > 1$ となる最小の値	eps	%eps
表現できる正の最大浮動小数点数	realmax	
表現できる正の最小浮動小数点数	realmin	
円周率 π	pi	%pi
虚数単位 $\sqrt{-1}$	i, j	%i
無限大 (Infinity)	Inf, inf	%inf
数値でない (Not-a-Number)	NaN, nan	%nan
真		%t
偽		%f
標準入出力の番号		%io

―MATLAB―
```
>> pi = atan(1)*4
pi =
    3.14159265358979
>> i = sqrt(-1)
i =
    0 + 1.000000000000000i
```

　Scilabではこのような特別な値を持つ変数は % をつけて区別しており，`pi` や `i` などの変数は通常の変数として用いられる．このようなあらかじめ値が設定されている変数を表 1.1 に示す．表中の浮動小数点数などの意味については次章で説明する．

　Scilab でも直前の演算結果を表す変数 `ans` は % をつけない．

■■■■■ 演算記号 ■■■■■

　加減乗除などの演算や比較演算について表 1.2，および表 1.3 に示す．ほとんどの演算の表記は MATLAB と Scilab で同じであるが，「等しくない」を表す表記だけが異なっている．

表 1.2 MATLAB と Scilab における演算の表記

式	MATLAB	Scilab
$a+b$	a + b	a + b
$a-b$	a - b	a - b
ab	a * b	a * b
a/b	a / b	a / b
a^b	a^b	a^b

表 1.3 MATLAB と Scilab における比較演算の表記

式	MATLAB	Scilab
$a<b$	a < b	a < b
$a \leq b$	a <= b	a <= b
$a>b$	a > b	a > b
$a \geq b$	a >= b	a >= b
$a=b$	a == b	a == b
$a \neq b$	a ~= b	a <> b または a ~= b
and	&	&
or	|	|

■■■■ プログラムの編集と実行 ■■■■

　MATLAB の処理手順を記述してファイルに保存し，これをプログラムとして実行することができる．ファイル名の後に拡張子として .m をつける．そのファイルの内容を実行するときは，拡張子を除いたファイル名を入力する．MATLAB のエディタを利用し，ファイル名が sample.m のファイルを編集するには，

───────────────────────────MATLAB─
```
>> edit sample
```

と入力する．こうするとエディタ画面が現れ，sample.m の編集ができる．ファイルを保存した後，拡張子を除いたファイル名が命令とみなされる．そのため sample と入力することでファイルに記述した内容が実行される．
　Scilab ではファイルの拡張子として .sce を用いる．エディタの起動は以下のようにする．

1.2 プログラミング

```
--> editor sample.sce
```
― Scilab

なお,バージョン 5.3 より前の版では xpad() や scipad() を用いる.

ファイル名を sample.sce として保存したとき,このファイルに記述された命令を実行するには exec 命令を次のように用いる.

```
--> exec('sample.sce')
```
― Scilab

1.2.2 ベクトル,行列の操作と演算

■■■ ベクトル,行列の代入 ■■■

MATLAB や Scilab の特徴としてベクトルや行列を扱えることがあげられる.行ベクトルは次の例に示すように,角括弧 [ ] で囲んで要素をスペースで区切って入力する.列ベクトルの各行はそれぞれの要素の後ろにセミコロンをつける.行列では,行ごとに要素をスペースで区切って入力し,各行の終わりはセミコロンを入力する.

以下の例では,要素数 3 の行ベクトル

$$u = (1, 2, 3),$$

要素数 3 の列ベクトル

$$v = \begin{pmatrix} 1 \\ 2 \\ 3 \end{pmatrix},$$

および 2 行 3 列の行列

$$A = \begin{pmatrix} 1 & 2 & 1 \\ -2 & 0 & 1 \end{pmatrix}$$

を代入している.

```
>> u = [1 2 3]
u =
     1     2     3
>> v = [1; 2; 3]
v =
     1
     2
     3
>> A = [1 2 1; -2 0 1]
A =
     1     2     1
    -2     0     1
```

行はセミコロンの代わりに改行でも示すことができる．次の例では第 1 行と第 2 行の区切りをセミコロンの代わりに改行で示している．

```
>> A = [1 2 1
     -2 0 1]
A =
     1     2     1
    -2     0     1
```

要素の値が等間隔のベクトルは，初期値，増分，最終値をコロンで区切って入力する．増分が 1 のときは省略することができる．次の例は要素が 1 から 0.5 刻みで 3 までの行ベクトル

$$a = (1, 1.5, 2, 2.5, 3),$$

および，要素が 1 から 1 刻みで 5 までの行ベクトル

$$b = (1, 2, 3, 4, 5)$$

を代入している．等間隔のベクトルを増分ではなく，初期値，最終値，要素の数を指定して生成することもできる．このときは関数 linspace を用いる．

―――――――――――――――――――MATLAB & Scilab―
```
>> a = 1:0.5:3
a =
     1       1.5      2      2.5      3
>> b = 1:5
b =
     1    2    3    4    5
>> c = linspace(1, 3, 5)
c =
     1       1.5      2      2.5      3
```

■■■■ 要素の指定 ■■■■

ベクトルの要素は変数名の後に丸括弧（ ）をつけ，そこに要素の番号を入力する．行列の場合も行番号と列番号をカンマで区切って入力する．

ベクトルや行列の要素は1つではなく，コロン演算子を用いて複数の要素を範囲で指定することもできる．コロン演算子のみを用いると，行あるいは列全体を示すことができる．

次の例はベクトル u の3番の要素の表示，u の2から3番の要素に -2 と -3 を代入，u の1番と3番の要素に2と6を代入している．

―――――――――――――――――――――MATLAB & Scilab―
```
>> u = [1 2 3]
u =
     1    2    3
>> u(3)
ans =
     3
>> u(2:3) = [-2 -3]
u =
     1    -2   -3
>> u([1 3]) = [2 6]
u =
     2    -2    6
```

この例で示すように，要素の指定にベクトルを用いることができ，それは連続している必要はない．ベクトルの要素の中で，最後の要素は MATLAB では end で表す．

―――――――――――――――――――――――――――MATLAB―
```
>> u = [1 2 3];
>> u(end)
ans =
     3
>> u(2:end)
ans =
     2    3
```

Scilab では $ を用いる．

1.2 プログラミング

――――Scilab――――
```
--> u = [1 2 3];
--> u($)
 ans  =
    3.
--> u(2:$)
 ans  =
 !  2.    3. !
```

行列で要素を指定して代入するには次のようにする．

――――MATLAB & Scilab――――
```
>> A = [1 2 1; -2 0 1]
A =
     1     2     1
    -2     0     1
>> A(2,1) = 3
A =
     1     2     1
     3     0     1
>> A(1,1:2) = [-1 -2]
A =
    -1    -2     1
     3     0     1
```

表 1.4 行列の要素の指定

表記	例	説明
(i,j)	A(2,3)	A の (2,3) 要素
	A([1 3], 1)	A の第 1 列の第 1 行と第 3 行
:	A(1:5,1)	A の第 1 列の第 1 行から第 5 行
	A(:,1)	A の第 1 列
end	v(end)	v の最後の要素（MATLAB）
	v($)	v の最後の要素（Scilab）

A(1,:) は A の第 1 行のベクトルを表しており，この表記を用いて列の表示や代入ができる．

───────────────────────────── MATLAB & Scilab ─
```
>> A = [1 2 1; -2 0 1];
>> A(1,:)
ans =
     1     2     1
>> A(1,:) = [0 1 2]
A =
     0     1     2
    -2     0     1
```

■■■ 要素の結合 ■■■

次の例では，行列 A と列ベクトル x を結合させて行列 C としている．行列 D は行列 A, B を並べたものとなっている．

───────────────────────────── MATLAB & Scilab ─
```
>> A = [1 2; -2 1];
>> B = [0 -1; 2 1];
>> x = [-2; -3];
>> C = [A x]
C =
     1     2    -2
    -2     1    -3
>> D = [A -B; B A]
D =
     1     2     0     1
    -2     1    -2    -1
     0    -1     1     2
     2     1    -2     1
```

ベクトル，行列の演算

行列とベクトルの演算の例を示す．数値のときと同じように A + B のように演算を記述すればよい．ただし，A^B のように演算ができない組み合わせもある．

―――― MATLAB & Scilab ――――
```
>> A = [1 2; -2 1];
>> B = [0 -1; 2 1];
>> A + B
ans =
     1     1
     0     2
>> A*B
ans =
     4     1
     2     3
>> A^2
ans =
    -3     4
    -4    -3
>> A^B
??? Error using ==> ^
At least one operand must be scalar.
```

行列とベクトルの積も * によって表せる．

―――― MATLAB & Scilab ――――
```
>> x = [-2; -3];
>> A = [1 2; -2 1];
>> A*x
ans =
    -8
     1
```

━━━ 比較演算 ━━━

比較演算はベクトルや行列に対しても適用できる．演算の結果は，真のときは 1，偽のときは 0 となる．ベクトルや行列のときは結果も 1 と 0 のベクトルや行列になる．Scilab では結果は %t と %f であるが，計算ではこれらは 1 と 0 として扱われる．x がベクトルのとき，x == -2 のようなスカラーとの比較は要素ごとに比較をしていることになる．

─────────────────────────── MATLAB & Scilab ───
```
>> a = 1;
>> x = [-2; -3];
>> a > 0
ans =
     1
>> x == -2
ans =
     1
     0
```

─────────────────────────── MATLAB & Scilab ───
```
>> A = [1 2; -2 1];
>> B = [0 -1; 2 1];
>> A == B
ans =
     0     0
     0     1
>> A < B
ans =
     0     0
     1     0
>> A ~= B
ans =
     1     1
     1     0
```

ベクトル，行列操作の関数

ベクトルの要素の和や積などを求める関数がいくつか用意されている．それらを表 1.5 に示す．

次の例では，ベクトルの要素の和を求める関数 sum を組み合わせて u の要素のうちで 0 より大きい要素の数を計算している．比較演算 u > 0 の結果，u の要素のうちで 0 より大きな値の要素の位置は 1 になる．sum によりその和を求めることで，u の要素のうち 0 より大きな要素の数が得られる．

```
────────────────────────────MATLAB & Scilab─
>> u = [2    -2     6];
>> u > 0
ans =
       1     0     1
>> sum(u > 0)
ans =
       2
```

要素の数を返す関数 length を行列に適用すると，MATLAB では行列の列数と行数のうち大きい方の値が返されるのに対して，Scilab ではすべての要素の数が返される．このように結果が異なるため注意が必要である．sum 命令でも，MATLAB では各列ごとの要素の和を求める．

表 1.5　ベクトル・行列の操作

表記	例	説明
sum	sum([1 2 3]), sum(A,1), sum(A,2)	行列の値の和
prod	prod(v), prod(A,1), prod(A,2)	行列の値の積
mean	mean(v)	平均値
max	max(v)	最大値
min	min(v)	最小値
length	length(A)	A の行数，列数の最大値 (MATLAB)
		A の全ての要素の数 (Scilab)
size	[m,n] = size (A)	行列の行数と列数
fliplr	fliplr(v)	左右の反転
flipud	flipud(A)	上下の反転

```
                                                    ─MATLAB─
>> A = [1 2 3; 4 5 6]
A =
     1     2     3
     4     5     6
>> length(A)
ans =
     3
>> sum(A)
ans =
     5     7     9
```

Scilabでは次のようにすべての要素の数やその和を返すため，MATLABとは結果が異なる．

```
                                                    ─Scilab─
--> A = [1 2 3; 4 5 6]
 A =
!  1.    2.    3. !
!  4.    5.    6. !
--> length(A)
 ans =
    6.
--> sum(A)
 ans =
    21.
```

行列のサイズを知りたいときは関数 size を用いる．

Scilabで各列ごとに行の和を求める，あるいは行ごとに列の和を求めるときには 'r' や 'c' を用いて指定する．

```
                                                          ─Scilab─
--> [m,n] = size(A)
 n  =
     3.00000E+00
 m  =
     2.00000E+00
--> sum(A,'r')
 ans  =
!   5.00000E+00     7.00000E+00     9.00000E+00  !
--> sum(A,'c')
 ans  =
!   6.00000E+00 !
!   1.50000E+01 !
```

MATLABでは2つめの引数で指定することもできる．

```
                                                         ─MATLAB─
>> sum(A,1)
ans =
      5     7     9
>> sum(A,2)
ans =
      6
     15
```

ベクトル，行列の転置

ベクトル

$$x = \begin{pmatrix} x_1 \\ x_2 \\ \vdots \\ x_n \end{pmatrix}$$

に対して，記号 x^T によって**転置**を表し，

$$x^T = (x_1, x_2, \ldots, x_n)$$

である．要素が複素数のとき，**共役転置**は

$$x^H = (\bar{x}_1, \bar{x}_2, \ldots, \bar{x}_n)$$

である．転置はアポストロフィ記号 ' を用いる．行列の要素が複素数のときには共役転置となる．共役をとらないで単に転置のみをしたいときはピリオド記号を前につけた .' を用いる．要素が実数のときは問題ないが，複素数が現れるときはこれらの記号の結果が異なるため注意が必要である．

要素が $1+\mathrm{i}$ と $1+2\mathrm{i}$ のベクトル u の転置の例を示す．

$$u^H = \begin{pmatrix} 1 - \mathrm{i} \\ 1 - 2\mathrm{i} \end{pmatrix}$$

および

$$u^T = \begin{pmatrix} 1 + \mathrm{i} \\ 1 + 2\mathrm{i} \end{pmatrix}$$

を求めている．

―――――――――――――――――――――――――――MATLAB & Scilab―
```
>> % --- Scilabでは i のかわりに %i を用いる. ---
>> u = [1+i 1+2*i]
u =
          1 + 1i                1 + 2i
>> u'
ans =
          1 - 1i
          1 - 2i
>> u.'
ans =
          1 + 1i
          1 + 2i
```

内積 $\boldsymbol{a}^T\boldsymbol{b}$ は転置の記号 ' を用いる.

―――――――――――――――――――――――――――MATLAB & Scilab―
```
>> a = [1; -1; 2]; b = [0; 1; -1];
>> a' * b
ans =
    -3
```

▨▨▨ 要素の反転, 並べ替え ▨▨▨

　行列やベクトルの要素の左右を反転させたり, 上下を反転させる命令は fliplr, flipud である. 要素の順番を要素の値が小さいものから順に並べ替えるのは sort を用いる. sort でも, 2つめの引数で列ごとか行ごとの並べ替えを指定できる.

```
>> A = [1 -2 3; -4 5 0]
A =
     1    -2     3
    -4     5     0
>> fliplr(A)
ans =
     3    -2     1
     0     5    -4
>> flipud(A)
ans =
    -4     5     0
     1    -2     3
>> sort(A,1)
ans =
    -4    -2     0
     1     5     3
>> sort(A,2)
ans =
    -2     1     3
    -4     0     5
```

── MATLAB ──

要素ごとの演算

2つのベクトルを $\boldsymbol{a} = (a_1, \ldots, a_n)$, $\boldsymbol{b} = (b_1, \ldots, b_n)$ とし，α はスカラーとする．このときベクトル $\boldsymbol{c} = (c_1, \ldots, c_n)$ の要素を，

$$c_i = a_i/b_i, \quad i = 1, 2, \ldots, n$$

や

$$c_i = \alpha a_i, \quad i = 1, 2, \ldots, n$$

のように，要素ごとの演算で求めたい場合がある．このような演算を表すた

表 1.6 ベクトルの要素ごとの演算

式	MATLAB & Scilab
$c = (a_1 + b_1, \ldots, a_n + b_n)$	c = a + b
$c = (a_1 \times b_1, \ldots, a_n \times b_n)$	c = a .* b
$c = (a_1/b_1, \ldots, a_n/b_n)$	c = a ./ b
$c = (a_1^{b_1}, \ldots, a_n^{b_n})$	c = a .^ b

めの表記が用意されている．これらの表記を表 1.6，表 1.7 に示す．

次の例では $(\sin x)/x$ のグラフを $x = 0$ を含む範囲で描いているが，図 1.5 に示すように $x = 0$ のときに 0 による除算のためグラフがとぎれている．

――――――――――――――――――MATLAB & Scilab――
```
>> x = -10:0.5:10;
>> plot(x,sin(x)./x)
Warning: Divide by zero.
 (Type "warning off MATLAB:divideByZero" to suppress
  this warning.)
```

ベクトル x の要素が 0 のときだけ微小な値を表す変数 eps を加えて除算で分母に 0 が現れるのを避けている．グラフを図 1.6 に示す．Scilab では変数 %eps を用いる．

――――――――――――――――――MATLAB & Scilab――
```
>> x = x + (x==0)*eps;     % Scilab では %eps
>> plot(x,sin(x)./x)
```

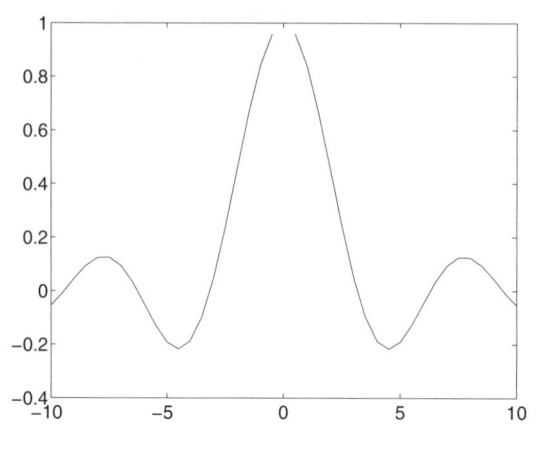

図 **1.5** $(\sin x)/x$ のグラフ（0による除算あり）

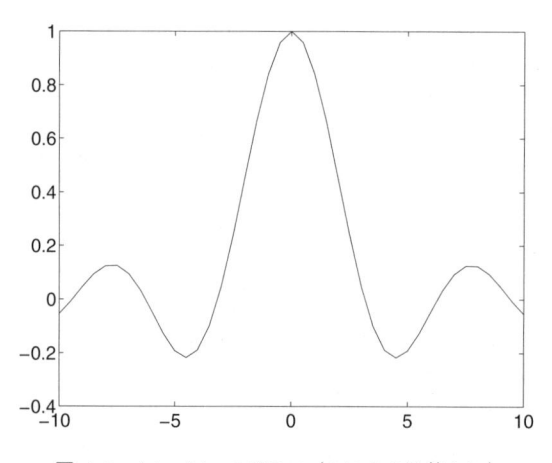

図 **1.6** $(\sin x)/x$ のグラフ（0による除算なし）

■■■■ 特別な行列 ■■■■

　要素がすべて0の行列や単位行列など，特定の行列を与える関数が用意されている．MATLABでは引数が1つのときはその大きさの正方行列とみなされるのに対して，Scilabではそれを行列とみなし，その行列と同じサイズの行列を生成する．このような仕様の違いは互換性を考える場合には注意が

1.2 プログラミング

表 1.7 ベクトルの要素とスカラーの演算

式	MATLAB & Scilab
$c = (a_1 + \alpha, \ldots, a_n + \alpha)$	`c = a + alpha`
$c = (\alpha \times a_1, \ldots, \alpha \times a_n)$	`c = alpha * a`
$c = (\alpha/a_1, \ldots, \alpha/a_n)$	`c = alpha ./ a`
$c = (a_1/\alpha, \ldots, a_n/\alpha)$	`c = a / alpha`
$c = (\alpha^{a_1}, \ldots, \alpha^{a_n})$	`c = alpha .^ a`
$c = (a_1^\alpha, \ldots, a_n^\alpha)$	`c = a .^ alpha`

必要となる．

次の例では，MATLABではどちらも2行2列の行列になっているのに対して，Scilabでは引数が1つのとき，それを1行1列とみなして1行1列で要素が0の行列を返している．

```
─────────────────────────────────────MATLAB─
>> a = zeros(2)
a =
     0    0
     0    0
>> a = zeros(2,2)
a =
     0    0
     0    0
```

```
─────────────────────────────────────Scilab─
--> a = zeros(2)
 a  =
    0.
--> a = zeros(2,2)
 a  =
    !  0.    0. !
    !  0.    0. !
```

表 1.8 行列を与える関数

関数	例	説明
zeros	zeros(2,3)	要素がすべて 0 の行列
ones	ones(2,3)	要素がすべて 1 の行列
eye	eye(2,3)	単位行列
diag	diag([1 2 3])	対角行列
	diag([1 2; 2 3])	対角要素のベクトル
rand	rand(2,3)	要素が乱数の行列

Scilab では引数に行列を与えた次のような用法も可能である．

────────────────────────────────────── Scilab ─

```
--> A = [1 2; 2 -1];
--> zeros(A)
 ans  =
   !  0.   0. !
   !  0.   0. !
```

関数 diag は，引数がベクトルのとき，そのベクトルが対角に並んだ対角行列を返す．引数が行列のときは逆にその行列の対角要素が並んだ列ベクトルを返す．

────────────────────────────── MATLAB & Scilab ─

```
>> D = diag([1 -3 5])
D =
     1     0     0
     0    -3     0
     0     0     5
>> diag(D)
ans =
     1
    -3
     5
```

1.2.3 条件, 繰り返し

━━━━━ if 文 ━━━━━

条件判定は if の後に条件式を与える.

```
                                            ─MATLAB─
if 式
    命令
elseif 式
    命令
else
    命令
end
```

Scilab では次のようにする.

```
                                            ─Scilab─
if 式 then
    命令
elseif 式 then
    命令
else
    命令
end
```

ただし, then は改行されているかカンマがあれば省略することができる.

次の例は x が正のときは 1, 0 のときは 0, 負のときは -1 を y に代入している. Scilab でも then が省略されているものとして実行されるため, MATLAB と同じ記述で実行できる.

```
>> x = -2;
>> if x > 0
       y = 1;
   elseif x == 0
       y = 0;
   else
       y = -1;
   end
```

次のように条件の後にカンマを書いて1行で与えることもできる.

```
>> x = -2;
>> if x>0, y=1; elseif x==0, y=0; else y=-1; end
```

for ループ

繰り返し処理を行う for 文は次のように記述する.

```
    for ループ変数 = ループ変数の範囲
        命令
    end
```

次の例は k を 0 から 2 刻みで 8 まで変えてループ内の処理を行っている.

```
>> for k = 0:2:8
       disp(k);
   end
```

次の例は負の刻み幅を与えており，k は 5, 4, . . . , 1 となる．

―――――――――――――――――MATLAB & Scilab―
```
>> for k =5:-1:1
       disp(k);
   end
```

for ループの変数はベクトルで与えることもできる．次の例では k はベクトル v の要素の値を順にとる．

―――――――――――――――――MATLAB & Scilab―
```
>> v = [1 -1 3 -2 8 -2 6];
>> for k = v
       disp(k);
   end
```

ループの途中で次のループに移るときは continue を用い，ループを抜けるときは break を用いる．

次の例では k > 5 となったときに for ループの処理を終了する．

―――――――――――――――――MATLAB & Scilab―
```
for k = 1:10
    if k > 5
        break;
    end
    disp(k);
end
```

次の例では k が負の場合はそれ以後のループ内の処理を飛び越えて次の k の処理に移る．

```
—————————————————————————— MATLAB & Scilab ——
for k = [1 -1 3 -2 8 -2 6]
    if k < 0
        continue;
    end
    disp(k);
end
```

━━━━━ while ループ ━━━━━

while 文は次のように記述し，条件が成り立つ間ループを実行する．

```
—————————————————————————— MATLAB & Scilab ——
while 条件
    命令
end
```

次の例は a が 1 以上の間ループ内の処理を行っている．

```
—————————————————————————— MATLAB & Scilab ——
>> a = 10;
>> while a >= 1;
       a = a / 2;
       disp(a);
   end
```

while ループでも break, continue は for ループと同様に用いることができる．

━━━━━ 処理の選択 ━━━━━

与えた変数や式がとる値によって処理を選択するときは MATLAB で

は switch 文を用いる．case で与える値は括弧 { } で囲って複数与えることもできる．どの条件にもあわなかったときには otherwise 以降の命令が実行される．

―― MATLAB ――
```
switch 式
    case 値
        命令
    case 値
        命令
    otherwise
        命令
end
```

Scilab では同様の命令は select 文となる．

―― Scilab ――
```
select 式
    case 値 then
        命令
    case 値 then
        命令
    else
        命令
end
```

then は改行かカンマをつけることで省略できる．
　使用例を以下に示す．

```
                                                          ─MATLAB─
>> x = 3.2;
>> sample = 2;
>> switch sample
       case 1
           y = x*2.54
       case 2
           y = x*2.54*12
       otherwise
           y = x
   end
```

Scilab では次のようにする．

```
                                                          ─Scilab─
--> x = 3.2;
--> sample = 2;
--> select sample
       case 1 then
           y = x*2.54
       case 2 then
           y = x*2.54*12
       else
           y = x
   end
```

1.2.4 関 数 の 定 義

■■■■ 関数の定義と実行 ■■■■

関数を定義するときは，先頭に次のように記述する．

> function [出力変数のリスト] = 関数名 (入力引数のリスト)

1.2 プログラミング

MATLABでは，関数名に拡張子 .m をつけたファイル名で保存する．Scilabでは関数のときは拡張子として .sci を用いる．

MATLABでは拡張子を除いたファイル名が関数の名前となる．次のような関数をエディタで作成し，ファイルに保存する．

───────────────────────── MATLAB & Scilab ─
```
function [A, b] = func(x, y)
  A = eye(2,2) * x;
  b = [y; y^2];
```

MATLABでは現在のディレクトリにファイルがあれば何もしなくても関数として利用できる．Scilabでは関数を実行する前に exec 命令を用いて関数を記述したファイルを読み込んでおく．なお，バージョン5.1以前では getf 命令を用いる．

───────────────────────── Scilab ─
```
--> exec('func.sci');
```

次のように入力することで関数として利用できる．

───────────────────────── MATLAB & Scilab ─
```
>> [C, d] = func(3, sqrt(2))
C =
     3     0
     0     3
d =
       1.4142
       2
```

関数内で利用する変数は，ローカル変数として扱われる．関数にまたがって変数を共通で利用したいときはグローバル変数として global 命令を用

いる．

Scilabでは deff を用いて，関数の定義をプログラム中に書くことができる．次の例は $z = e^{-x}\cos y$ を求める関数 f(x,y) の定義をしている．

───Scilab───
```
--> deff('[z] = f(x,y)', 'z = exp(-x)*cos(y)');
```

時間の計測

時間計測をするときは，計測したい箇所の前後で tic，および toc と記述する．tic から toc までの間の経過時間が得られる．

───MATLAB & Scilab───
```
>> tic;
>> A = rand(1000,1000);
>> time = toc
```

Scilabでは関数 timer() も用いられる．この関数を呼ぶと前回呼んだときからの経過時間が得られる．

───Scilab───
```
--> timer();
--> A = rand(1000,1000);
--> time = timer()
```

1.2.5 文字の取り扱い

■■■ 文字列の代入,結合 ■■■

文字列はクォーテーションマークで囲って 'abc' のように表す.文字列の結合は関数 strcat を用いる.

MATLAB では括弧 [ ] を用いてベクトルの要素の結合と同じような表記で文字列の結合を表すことができる.数値を文字列に変換する関数は num2str である.

```
───MATLAB─
>> a = 'pi';
>> b = strcat(a , ' = ');
>> c = [b num2str(pi)];
>> disp(c)
pi =3.1416
```

Scilabでは文字列の結合は演算子 + を用いて表すこともできる.また,数値を文字列に変換する関数は string である.

```
───Scilab─
--> a = 'pi';
--> b = strcat(a, ' = ');
--> c = b + string(pi);
```

■■■ 文字列のための関数 ■■■

MATLAB において文字列の長さ length,i 番目から j 番目の文字列の取り出し (i:j),文字の位置 findstr,文字列の比較 strcmp,文字列の置き換え strrep の例を示す.

```
>> a = 'apple grape orange';
>> length(a)
ans =
    18
>> a(7:11)
ans =
grape
>> findstr(a,'g')
ans =
     7    17
>> strcmp(a,'apple')
ans =
     0
>> strrep(a,'orange','banana')
ans =
apple grape banana
```

文字列の比較 strcmp の例では，'apple' は変数 a に含まれているが，完全に一致しているわけではないため結果は 0 となっている．

文字列を空白で切り分けるには strtok を用いる．

```
>> a = 'apple grape orange';
>> [t,r] = strtok(a)
t =
apple
r =
 grape orange
```

文字列の内容を命令とみなして実行するには関数 eval を用いる．

```
                                                              ─MATLAB─
>> eval(['a = 1;' 'b = 2;' 'c = a+b'])
c =
     3
```

Scilabの文字列を扱う関数の例として，文字列の長さ length，文字列の取り出し part，文字の位置 strindex，文字列の比較 strcmp，文字列の置き換え strsubst を示す．

```
                                                               ─Scilab─
--> a = 'apple grape orange';
--> length(a);
--> part(a,7:11);
--> strindex(a,'g');
--> strsubst(a,'orange','banana');
```

Scilabで文字列の内容を命令とみなして実行するには関数 execstr を用いる．

```
                                                               ─Scilab─
--> execstr(['a = 1' 'b = 2']);
```

■■■■ 書式付き出力 ■■■■

フォーマット付きで数値や文字を出力するにはMATLABでは sprintf を用いる．この関数は結果を文字列として返す．

Scilabでは msprintf を用いる．これらの関数の使用例と出力結果を表1.9，表1.10に示す．

表 1.9 MATLAB における書式付き出力

表記	結果
sprintf('%.2f \n',pi)	3.14
sprintf('%.8f \n',pi)	3.14159265
sprintf('pi = %.8f \n',pi)	pi = 3.14159265
sprintf('%10.2f \n',pi)	3.14
sprintf('%.2e \n',pi)	3.14e+00
sprintf('%15.8e \n',pi)	3.14159265e+00
sprintf('%d \n',1000)	1000
sprintf('%8d \n',1000)	1000
sprintf('%s \n','abcd')	abcd

表 1.10 Scilab における書式付き出力

表記	結果
msprintf('%.2f \n',%pi)	3.14
msprintf('%.8f \n',%pi)	3.14159265
msprintf('pi = %.8f \n',%pi)	pi = 3.14159265
msprintf('%10.2f \n',%pi)	3.14
msprintf('%.2e \n',%pi)	3.14e+000
msprintf('%15.8e \n',%pi)	3.14159265e+000
msprintf('%d \n',1000)	1000
msprintf('%8d \n',1000)	1000
msprintf('%s \n','abcd')	abcd

LaTeX 形式の表の生成

計算した結果をそのまま LaTeX の表として出力すると，何度も実験するときなどは便利である．

次の例は乱数で $n \times 2$ の行列を生成し，それらの各行を点 (x, y) のデータとみなして原点からその点までの距離を求め，変数 r に代入している．r の要素のうち 1 より小さいものだけを命令 sum によって足しあわせている．n を大きくしていくと，この結果は半径 1 の円の 1/4 の部分と $[0, 1] \times [0, 1]$ の正方形の面積の比に近づいていく．n を変えながらこの計算を行い，LaTeX の表出力の命令と組み合わせて関数 sprintf を用いて文字列として出力している．これを関数 strcat で結合していき，最後に関数 disp でその文字列を画面に出力している．

Scilab では，sprintf の代わりに msprintf と記述するが，ほぼ同様の記述が可能である．

```matlab
n = [100 1000 10000 100000];
m = length(n);
for k = 1:m
    z = rand(n(k),2);
    r = z(:,1).^2 + z(:,2).^2;
    p(k) = sum(r<1)/n(k)*4;
end
%
t = sprintf('\\begin{center}\n');
t = strcat(t,sprintf('\\begin{tabular}{ccccc}\n'));
t = strcat(t,sprintf('\\hline \n'));
t = strcat(t,sprintf('%5s','$n$'));
for k = 1:m
    t = strcat(t,sprintf(' & %8d',n(k)));
end
t = strcat(t,sprintf('\\\\ \n \\hline \n'));
t = strcat(t,sprintf('%5s','$p$'));
for k = 1:m
    t = strcat(t,sprintf(' & %8.5f',p(k)));
end
t = strcat(t,sprintf('\\\\ \n %5s','$err$'));
for k = 1:m
    t = strcat(t,sprintf(' & %8.1e',abs(p(k)-pi)));
end
t = strcat(t,sprintf('\\\\ \n \\hline \n'));
t = strcat(t,sprintf('\\end{tabular}\n'));
t = strcat(t,sprintf('\\end{center}\n'));
disp(t);
```

実行した結果を LaTeX で出力すると次のような表が得られる．

n	100	1000	10000	100000
p	3.08000	3.15600	3.14040	3.14672
err	6.2e-02	1.4e-02	1.2e-03	5.1e-03

1.2.6 多　項　式

MATLAB, Scilab ともに多項式を扱うための関数が用意されているが，その扱い方は異なる．それぞれについて説明する．

■■■■■ MATLAB での多項式 ■■■■■

MATLAB では多項式はその係数を要素とするベクトルで表す．係数は最高次の係数から順に並べる．多項式どうしの演算などは直接演算記号で表記することはできない．

多項式が $f(x) = x^3 - 2x^2 - x + 2$ のとき，その係数 $1, -2, -1, 2$ を最高次の係数から並べたベクトルをそのまま多項式とみなす．同様に多項式 $g(x) = x + 2$ は係数 $1, 2$ を並べたベクトルになる．

これらの多項式の積 $f(x)\,g(x)$ を求めるには，関数 conv を用いる．また，$f(x)$ を $g(x)$ で割った商と剰余は関数 deconv を用いる．

```
                                                            ─MATLAB─
>> f = [1 -2 -1 2];
>> g = [1 2];
>> conv(f,g)
ans =
     1     0    -5     0     4
>> [q, r] = deconv(f,g)
q =
     1    -4     7
r =
     0     0     0   -12
```

多項式の零点を与えて，その係数を求める関数は poly である．また，多

項式の導関数の係数は `polyder` によって得られる．多項式 $f(x)$ の値を求めるには `polyval` を用いる．次の例では，$x = 1, 2, 3$ を零点に持つ多項式の係数を求めてそれを `f` とし，その導関数を `df` に代入している．

```
─────────────────────────────────────MATLAB─
>> f = poly([1 2 3])
f =
     1    -6    11    -6
>> df = polyder(f)
df =
     3   -12    11
>> x0 = 1+2*i;
>> polyval(f,x0)
ans =
    12   -4i
```

MATLABではクラス変数を定義することができ，演算についてもオーバーロードすることができる．多項式クラス `polynom` の例がマニュアルには掲載されている．これを用いると多項式どうしの積などを演算記号で表記することができるようになる．

■■■■■ Scilab での多項式 ■■■■■

Scilab では多項式を定義することができ，演算もそのまま表記することができる．ただし，変数は1つに限られ，複数の変数を混在させることはできない．

多項式には関数 `poly` を用いるが，零点と変数を引数として与える．単項式 x は `poly(0,'x')` で与える．こうすると多項式 $p(x) = x^2 + 5x + 2$ は次の例で示すようにそのまま書き表すことができる．

```
                                                        ─Scilab─
--> x = poly(0,'x');
--> p = x^2 + 5*x + 2
 p =
              2
    2 + 5x + x
```

関数 poly では，3番目の引数で零点か係数のどちらを与えているかを指定することができる．省略したときは零点とみなされる．零点を与えていることを明示するには 'roots' と記述する．

多項式の変数は関数 varn, 次数は degree, 係数は coeff によって得られる．

```
                                                        ─Scilab─
--> f = poly([1 2 3], 'x', 'roots')
 f =
                 2   3
  - 6 + 11x - 6x + x
--> varn(f)
 ans =
 x
--> degree(f)
 ans =
 3
--> coeff(f)
 ans =
!  - 6.    11.  - 6.    1. !
```

係数で多項式を与えるときには引数に 'coeff' と記述し，定数項から係数を並べる．多項式の積 $f(x)g(x)$ はそのまま f*g と書き表せる．商と剰余は pdiv, 導関数は derivat である．

```
                                                          Scilab
--> f = poly([1 2 3], 'x', 'roots');
--> g = poly([18 -7 1], 'x', 'coeff')
 g  =
               2
    18 - 7x + x
--> f*g
 ans  =
                       2      3      4    5
  - 108 + 240x - 191x + 71x - 13x + x
--> [r,q] = pdiv(f,g)
 q  =
    1 + x
 r  =
  - 24.
--> df = derivat(f)
 df  =
                2
    11 - 12x + 3x
```

多項式の値を求めるのは関数 horner を用いる．

```
                                                          Scilab
--> horner(f, 1+2*%i)
 ans  =
    12. - 4.i
```

Scilab での有理式

Scilab では有理式を扱うこともできる．有理式は多項式で f/g のように表せばよい．分子は numer, 分母は denom によって得られる．

```
--> x = poly(0,'x');
--> r = (x+1)*(x+2)/((x-2)*(x-3))
 r  =
               2
     2 + 3x + x
     ----------
               2
     6 - 5x + x
--> numer(r)
 ans  =
               2
     2 + 3x + x
--> denom(r)
 ans  =
               2
     6 - 5x + x
```

分子，分母の共通因子を取り除くには関数 simp を用いる．

```
--> [p,q] = simp((x+1)^2,(x+1)*(x+3))
 q  =
     3 + x
 p  =
     1 + x
```

関数 ldiv は負べきの項まで除算を続ける．次のような有理式

$$\frac{x^2+2x+1}{x^2+4x+3} = 1 - \frac{2}{x} + \frac{6}{x^2} - \frac{18}{x^3} + \cdots$$

について ldiv を適用した例を示す．

```
--> ldiv(x^2+2*x+1, x^2+4*x+3,5)
 ans =
!   1. !
! - 2. !
!   6. !
! - 18. !
!  54. !
```

1.2.7 ディレクトリ操作

■■■■ ディレクトリ，ファイルの操作 ■■■■

　MATLABではディレクトリやファイルの操作のための命令はUNIXの命令とほぼ同じものが用意されている．ScilabではOSの命令を利用した方がわかりやすい．

　MATLABとScilabにおいてディレクトリの移動やファイルの操作を行う命令を表1.11，表1.12に示す．

表 1.11　MATLAB のディレクトリ，ファイル操作の関数

表記	例	説明
pwd	pwd	現在のディレクトリ
cd	cd ..	ディレクトリの移動
ls	ls	ファイルのリスト
delete	delete test.m	ファイルの消去
which	which test.m	ファイルのあるディレクトリの表示

表 1.12　Scilab のディレクトリ，ファイル操作の関数

表記	例	説明
pwd	pwd	現在のディレクトリ
chdir	chdir('..')	ディレクトリの移動
listfiles	listfiles .	ファイルのリスト

1.2.8 MATLAB から Scilab への変換

■■■■■ プログラムの変換 ■■■■■

Scilab では MATLAB のプログラムを Scilab に変換する命令 `mfile2sci` が用意されているので，これを利用すると便利である．

1.3 グラフの出力

本節では，グラフ機能について説明する．グラフに関する命令は MATLAB と Scilab で異なるものが多いため，それぞれについて分けて説明をする．

1.3.1 MATLAB でのグラフ出力

■■■■■ 関数の2次元グラフ ■■■■■

関数のグラフを簡単に描く命令として `ezplot` がある．次の例では

$$y = e^{-|x|} \sin x^2$$

のグラフを描いている．何も指定しないとグラフを描く範囲は $-2\pi \leq x \leq 2\pi$ となるが，第2引数で描く範囲を与えることもできる．

─────MATLAB─
```
>> ezplot('exp(-abs(x))*sin(x^2)');
```

得られたグラフを図 1.7 に示す．

$f(x, y)$ を関数で与えたり，x と y をパラメータ表示で与えることもできる．

─────MATLAB─
```
>> ezplot('x^3 + 2*x^2 - 3*x + 5 - y^2');
>> ezplot('t*cos(t)','t*sin(t)',[0,4*pi]);
```

1.3 グラフの出力

$\exp(-\mathrm{abs}(x))\,\sin(x^2)$

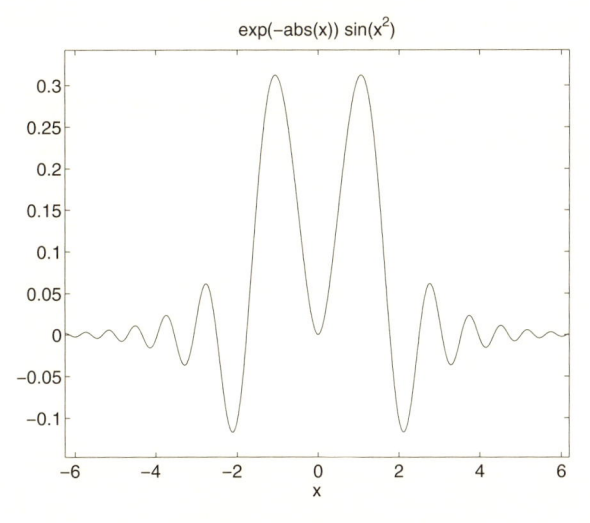

図 1.7 ezplot の例

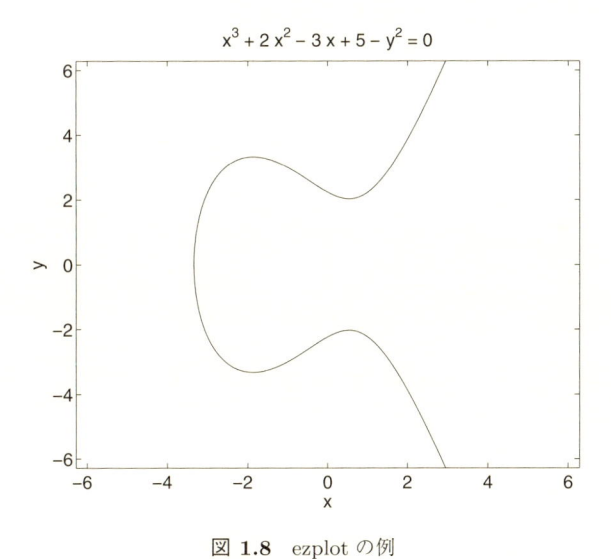

$x^3 + 2x^2 - 3x + 5 - y^2 = 0$

図 1.8 ezplot の例

これらの実行結果のグラフを図 1.8, 図 1.9 に示す.

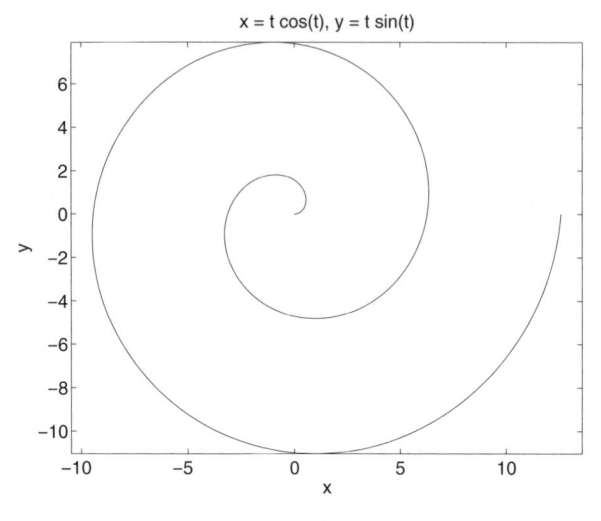

図 **1.9** ezplot の例

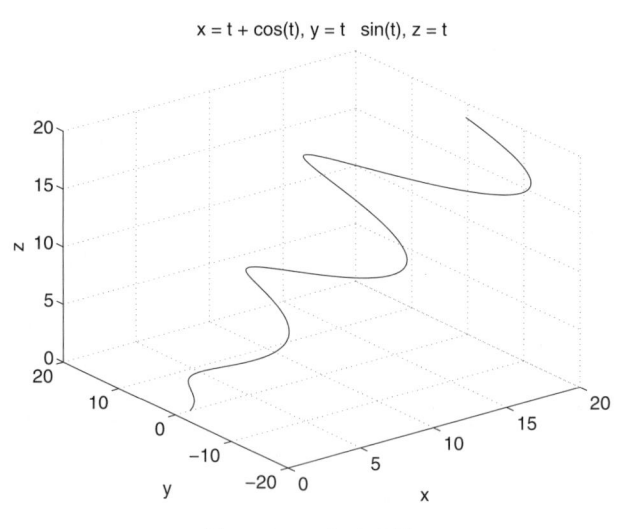

図 **1.10** ezplot3 の例

図 **1.11** 2次元ベクトルのグラフ

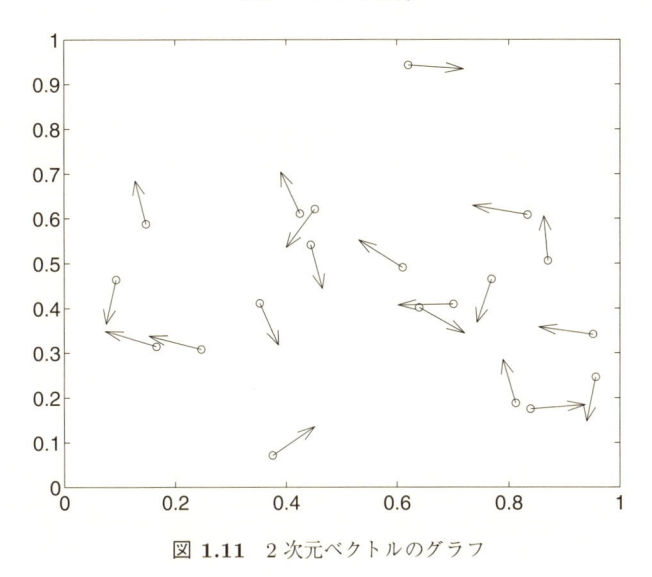

関数の3次元グラフ

$x = x(t)$, $y = y(t)$, $z = z(t)$ で与えられる曲線を描く命令は `ezplot3` である.

```
                                                                —MATLAB—
>> ezplot3('t + cos(t)', 't * sin(t)', 't', [0,6*pi]);
```

結果のグラフを図 1.10 に示す.

2次元ベクトルのグラフ

矢印の始点の座標 x, y と終点の座標 u, v を与えて，関数 quiver によって 2 次元ベクトルのグラフを描くことができる．

次の例では，20 個の値の組を乱数で生成し，それを表示している．

```
>> n = 20;
>> x = rand(1,n); y = rand(1,n); t = rand(1,n)*2*pi;
>> u = cos(t)*0.1; v = sin(t)*0.1;
>> quiver(x,y,u,v,0);
>> hold on;
>> plot(x,y,'o');
>> hold off;
```

結果を図 1.11 に示す．

2次元グラフのプロット

x, y のデータをベクトルで与えて2次元のグラフを表示するには plot を用いる．plot では複数のデータの組を順に与えることでこれらの複数の曲線を1つの図の中に描くことができる．

```
>> x = linspace(0, 8*pi, 100);
>> plot(x, sin(x), x, cos(x));
```

対数グラフ

対数グラフは y 軸が対数となる semilogy，x 軸が対数となる semilogx，x 軸，y 軸共に対数となる loglog がある．引数の与え方などは plot と同じである．

```
>> x = linspace(-pi/4, pi/4, 200);
>> semilogy(x, abs(sin(x) - (x - x.^3/6)));
```

1.3 グラフの出力

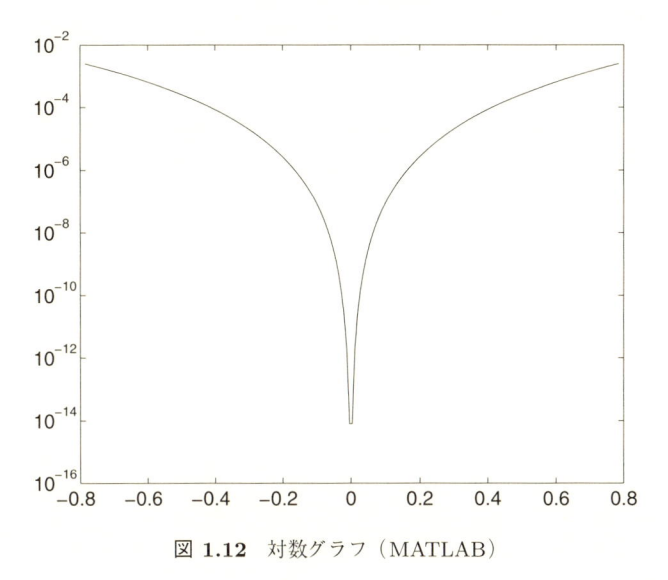

図 1.12 対数グラフ（MATLAB）

この例では $-\pi/4 \leq x \leq \pi/4$ の範囲で $|\sin x - (x - x^3/6)|$ の対数グラフを描いている．実行結果を図 1.12 に示す．

── 複数のグラフの重ねあわせ ──

一度グラフを描いた後で別のグラフを描くと前のグラフは消去される．消去しないでグラフを追加するときには hold on と入力する．これを解除するには hold off と入力する．

```
            ─MATLAB─
>> x = linspace(0,8*pi,100);
>> plot(x, sin(x));
>> hold on;
>> plot(x, sin(2*x));
>> plot(x, sin(3*x));
>> hold off;
```

表 1.13 線と色の指定

表記	線の種類	表記	色
-	実線	b	青
:	点線	g	緑
-.	1点鎖線	r	赤
--	破線	c	シアン
		m	マゼンダ
		y	黄
		k	黒

表 1.14 マークの指定

表記	マーク	表記	マーク
.	点	v	三角（下向き）
o	丸	^	三角（上向き）
x	×印	<	三角（左向き）
+	十字	>	三角（右向き）
*	星	p	五角形
s	四角	h	六角形
d	ひし形		

■ 線，マーカーの種類の設定 ■

plot 命令で利用できるグラフの線やマーカーの種類を表 1.13，表 1.14 に示す．これらの指定は plot 命令において次のように用いる．

```
─────────────────────────────────────MATLAB─
>> x = linspace(0, 8*pi, 100);
>> plot(x, sin(x), 'g-', x, cos(x), 'r--');
```

この例では緑の実線と赤の破線を用いてグラフを描いている．

次の例では黒の三角のマークと黄色の点線を用いている．

```
─────────────────────────────────────MATLAB─
>> x0 = linspace(0, 8*pi, 10);
>> x1 = linspace(0, 8*pi, 100);
>> plot(x0, sin(x0), 'k^', x1, sin(x1), 'y:');
```

マーカーのサイズの指定

マーカーの大きさは次のように MarkerSize によって指定する．

```MATLAB
>> x = linspace(0,2*pi,20);
>> plot(x,sin(x),'ro','MarkerSize',10);
```

軸の設定

表示範囲や軸のラベルは次のように指定する．

```MATLAB
>> x = linspace(0,2*pi,100);
>> plot(x,sin(x));
>> XLim([0 4]);
>> YLim([-2 2]);
>> set(gca,'XTick',[0 pi/2 pi]);
>> set(gca,'XTickLabel',{'0','pi/2','pi'});
```

ここで gca は直前に描いたグラフの軸を示している．

テキストの表示

テキスト，線のタイトルなどの表示は次のようにする．

```MATLAB
>> x = linspace(0,4*pi,200);
>> plot(x,sin(x),x,cos(x));
>> text(3,0.5,'sin(x)','FontSize',20,'FontName','Times');
>> legend('sin(x)','cos(x)');
```

複数のグラフのウインドウ

複数のウインドウを表示して，それぞれにグラフを描くには figure を用いる．

```MATLAB
>> x = linspace(0,4*pi,200);
>> figure(1);
>> plot(x,sin(x));
>> figure(2);
>> plot(x,cos(x));
```

このようにすると，2つのウインドウにそれぞれ $\sin x$ と $\cos x$ のグラフが描かれる．

等高線のグラフ

等高線は contour を用いる．次の例では，$0 \leq x \leq 10$, $0 \leq y \leq 10$ の範囲で $\sin x + \cos y/2$ のグラフを描いている．まず，meshgrid によって，x と y の値を行列として用意し，その各点での z の値を計算している．

```MATLAB
>> t = linspace(0,10,40);
>> [x,y] = meshgrid(t, t);
>> z = sin(x) + cos(y/2);
>> contour(x,y,z,20);
```

実行結果を図 1.13 に示す．

3次元グラフのプロット

3次元グラフは次のようにする．

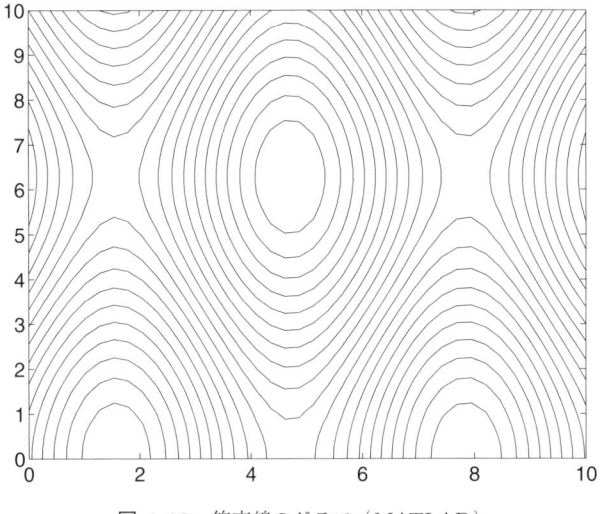

図 **1.13** 等高線のグラフ（MATLAB）

```MATLAB
>> t = linspace(0,10,40);
>> [x,y] = meshgrid(t, t);
>> z = sin(x) + cos(y/2);
>> mesh(x,y,z);
```

実行結果を図 1.14 に示す.

表面を面で表示するには surf を用いる．また，色の変化をなめらかにするには shading interp とする（図 1.15）.

```MATLAB
>> t = linspace(0,10,40);
>> [x,y] = meshgrid(t, t);
>> z = sin(x) + cos(y/2);
>> surf(x,y,z)
>> shading interp;
```

等高線のグラフと組み合わせて表示することもできる.

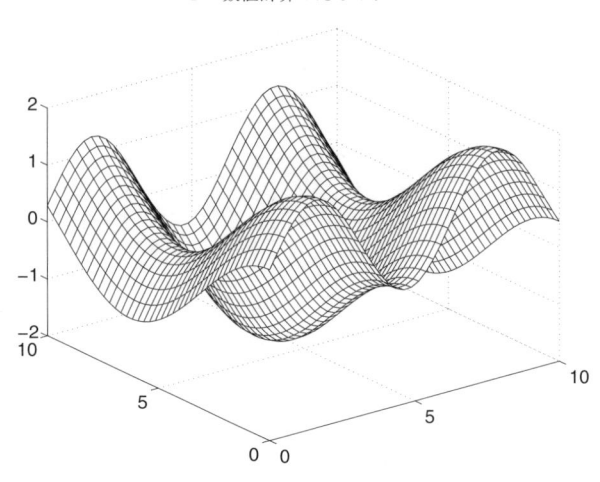

図 1.14 3次元グラフ（MATLAB）

```
>> t = linspace(0,10,40);
>> [x,y] = meshgrid(t, t);
>> z = sin(x) + cos(y/2);
>> surfc(x,y,z);
```

パラメータ表示のグラフ

パラメータ表示された曲線を3次元空間で表示するには次のようにする．

```
>> t = linspace(0,10*pi,200);
>> plot3(sin(t),cos(t),t);
>> grid on;
```

実行結果を図1.16に示す．

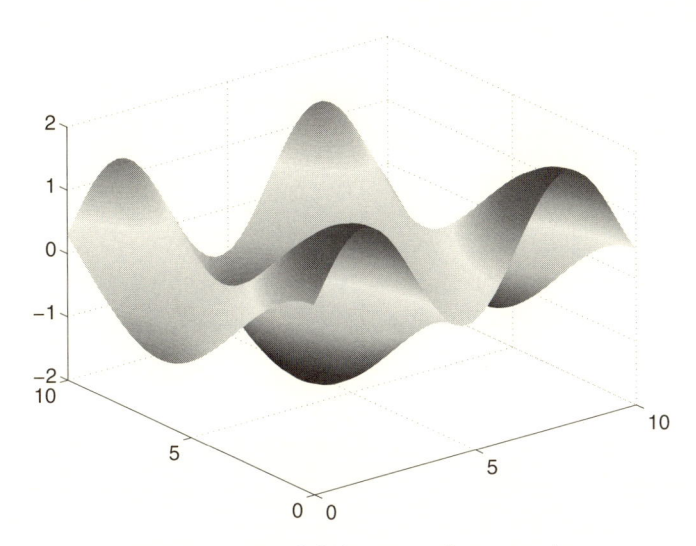

図 1.15 曲面と等高線のグラフ(MATLAB)

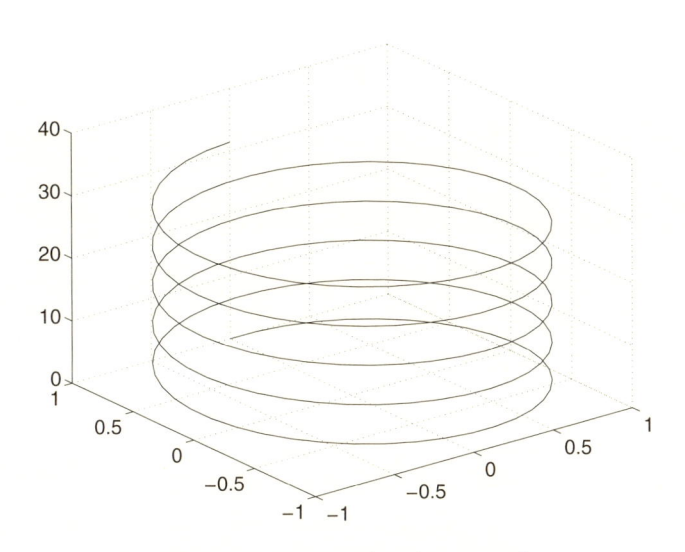

図 1.16 パラメータ表示(MATLAB)

1.3.2 Scilab でのグラフ出力

関数の 2 次元グラフ

Scilab で関数の 2 次元グラフを描くには `fplot2d` を用いる．関数は `deff` によって与える．次の例は $y = \sin x + \sin 2x$ のグラフを $0 \leq x \leq 10$ で描いている．

```
--> deff('[y] = f(x)','y = sin(x) + sin(2*x)');
--> x = linspace(0,10,100);
--> fplot2d(x,f);
```
― Scilab

凡例は `legend` 命令で表示する．LaTeX の数式命令も使用できる．タイトルは `title` で表示する．

```
--> legend('$y=\sin x + \sin 2x$');
--> title('title');
```
― Scilab

図のさまざまな属性を `set` 命令で変更できる．図全体を対象とするものは `gcf()`，軸などは `gca()` で指定する．

```
--> set(gca(),'data_bounds',[0 -1; 8 5]);
--> set(gcf(),'figure_size',[600, 300]);
```
― Scilab

MATLAB では次にグラフを描くと前のグラフは消去されたが，Scilab ではそのまま重ねて描かれる．消去するときには `clf()` を用いる．

```
--> clf();
--> deff('[y] = f(x)','y = cos(x) + cos(2*x)');
--> fplot2d(x,f);
```

関数の値によって色を変えて表示するグラフは次のようにする．

```
--> deff('[z] = f(x,y)','z = x^2+y^2');
--> x = linspace(-2,2,20); y = x;
--> fgrayplot(x,y,f);
```

配色を変えるには図に対して `color_map` を指定する．

```
--> G = (1:256)/256; R = 0.1*ones(1,256);
--> cMap = [R', G', R'];
--> set(gcf(),'color_map',cMap);
--> clf();
--> fgrayplot(x,y,f);
```

色の変化をなめらかにするには `Sfgrayplot` を用いる．

```
--> G = (1:256)/256; R = 0.1*ones(1,256);
--> cMap = [R', G', R'];
--> set(gcf(),'color_map',cMap);
--> clf();
--> Sfgrayplot(x,y,f);
```

関数の等高線は `fcontour2d` である．

```
--> clf();
--> deff('[z] = f(x,y)','z = x^2+y^2');
--> x = linspace(-2,2,20); y = x;
--> fcontour2d(x,y,f,15);
```

関数の3次元グラフ

関数の3次元のグラフは `fplot3d` を用いる.

```
--> clf();
--> deff('[z] = f(x,y)','z = x^2+y^2');
--> x = linspace(-2,2,20); y = x;
--> fplot3d(x,y,f);
```

2次元グラフのプロット

2次元のグラフを描く命令として `plot` と `plot2d` がある. `plot` は次のように用いる.

```
--> x = linspace(0,10,100).';
--> y = x.^2 - 2.*x - 1;
--> plot(x,y,x,cos(x));
```

複数のウインドウの表示

複数のウインドウを表示するには show_window(window-number) のようにする．window-number には 0 以上の整数が入る．i 番のウインドウの表示内容を消去するには clf(i) のようにする．ウインドウを消すには delete(i) のようにする．対象とするウインドウは set 命令で current_figure を指定する．

```
--Scilab--
--> x = linspace(0,10,200);
--> show_window(1);
--> plot(x,sin(x));
--> show_window(2);
--> plot(x,cos(x));
--> set('current_figure',3);
--> clf(1);
--> delete(2);
```

背景色の指定

背景の色を指定するには set(gcf(),'background',color) のようにする．色の指定は数値で行うが，値と色の対応はオペレーティングシステムに依存する．次の例は複数のウインドウを色の指定を変えながら表示している．

```
--Scilab--
--> for j=1:32
      set('current_figure',j);
      set(gcf(),'background',j);
    end
```

前面の色は set(gcf(),'foreground',color) のようにする．

■■■■■ フォントの指定 ■■■■■

フォントは xset('font',fontid,fontsize) によって指定する．fontid の値は以下のようである．

0 Courier
1 Symbol
2 Times
3 Times Italic
4 Times Bold
5 Times Bold Italic

■■■■■ plot2d ■■■■■

2次元のグラフを表示する関数として，plot2d もある．この関数は複数のグラフを表示することができる．

複数のデータを表示するときは，各データを列ベクトルとする行列で与える．

```Scilab
--> x = linspace(0,10,100);
--> y1 = x + sin(x);
--> y2 = cos(x);
--> y3 = exp(-x).*sin(x);
--> plot2d([x' x' x'], [y1' y2' y3']);
```

■■■■■ 線種の指定 ■■■■■

線の種類は数値によって指定する．

1.3 グラフの出力

```
--> clf();
--> x = linspace(0,10,100);
--> y1 = x + sin(x);
--> y2 = cos(x);
--> y3 = exp(-x).*sin(x);
--> plot2d([x' x' x'], [y1' y2' y3'], [10 20 30]);
```

■■■■■ マーカー ■■■■■

plot2d ではマーカーの表示を指定できる．マーカーの種類と指定する値の対応は以下のようである．

- -1 十字
- -2 ×印
- -3 アスタリスク
- -4 ひし形
- -5 ひし形（白抜き）
- -6 丸の中に×印
- -7 三角（下向き）
- -8 クローバー
- -9 円

```
--> clf();
--> x = linspace(0,10,20);
--> y = x + sin(x);
--> plot2d(x', y', -5);
```

正の値にすると線の色の指定となる．

```
--> clf();
--> x = linspace(0,10,20);
--> y = x + sin(x);
--> plot2d(x', y', 5);
```

対数グラフ

対数のグラフは plot2d('nl',x,y) のようにする．2つの文字によって x 軸と y 軸を対数にするかどうか指定する．l は対数を表す．

ポストスクリプトファイルへの出力

ウインドウのファイルメニューの Export 命令を選択するとグラフをポストスクリプトや GIF，PDF，PNG などの形式で出力することができる．

3次元グラフのプロット

古いバージョンの Scilab では MATLAB の meshgrid に対応する命令がない．そのときには次のような関数を定義しておく．

```
// meshgrid.sci
function [x,y] = meshgrid(x0,y0)
    x = ones(length(x0),1)*x0;
    y = (y0.')*ones(1,length(y0));
end
```

3次元のグラフは plot3d や surf などがある．

```
--> t = linspace(0,10,20);
--> [x,y] = meshgrid(t,t);
--> z = sin(x) + cos(x/2);
--> plot3d(t,t,z);
--> surf(x,y,z);
```

第2章

有限桁の数値

デジタルは有限桁の数値という意味を表し，コンピュータの内部では数値は有限桁で扱われる．有限桁の数値を扱うことが原因で理論とは異なる計算結果が得られることがあり，それを十分に認識しておく必要がある．

2.1 浮動小数点数と誤差

2.1.1 浮動小数点数の表現

実数を
$$6.02213 \times 10^{23}$$
や
$$-0.16021 \times 10^{-18}$$
のような小数で表したものを**浮動小数点数**(floating point number) といい，**符号部**(sign)，**仮数部**(mantissa)，**指数部**(exponent) から構成される．

コンピュータではこれを 2 進数で扱っている．10 進数を 2 進の浮動小数点数で表すと次のようになる．

$$\begin{aligned}1.5 &= 1 + 1 \times \left(\tfrac{1}{2}\right) & &\to & (1.1)_2 \\ 1.25 &= 1 + 0 \times \left(\tfrac{1}{2}\right) + 1 \times \left(\tfrac{1}{2}\right)^2 & &\to & (1.01)_2 \\ 0.625 &= 0 + 1 \times \left(\tfrac{1}{2}\right) + 0 \times \left(\tfrac{1}{2}\right)^2 + 1 \times \left(\tfrac{1}{2}\right)^3 & &\to & (0.101)_2\end{aligned}$$

2 進浮動小数点数が，たとえば，
$$0.011001101 \times 2^{-2}$$
のように与えられているとき，指数部を調整することで

$$1.1001101 \times 2^{-4}$$

のように小数点より左がつねに1となるようにできる.このように調整した数値を正規化された2進浮動小数点数とよぶ.

正規化された2進浮動小数点数の仮数部を小数点数以下 t 桁で表したとき,

$$\pm (1.f_1 f_2 \cdots f_t)_2 \times 2^e$$

のように書ける.ここで ± は符号部,

$$(1.f_1 f_2 \cdots f_t)_2 = 1 + f_1 \times 2^{-1} + f_2 \times 2^{-2} + \cdots + f_t \times 2^{-t}$$

は仮数部,e は指数部である.正規化されているときにはかならず $1.f_1 f_2 f_3 \cdots$ のように先頭が1となるため,この1を省略することができる.

仮数部の値の列 $(f_1, f_2, \ldots, f_t)$ が与えられたときに

$$(f_1 \times 2^{-1}, f_2 \times 2^{-2}, \cdots, f_t \times 2^{-t})$$

の値を求めるには,MATLABやScilabではベクトルの要素ごとの演算を利用すると便利である.

仮数部が $(f_1, f_2, \ldots, f_6) = (0, 1, 0, 1, 0, 1)$ のとき,

$$f_j \times 2^{-j}, \quad j = 1, 2, \ldots, 6$$

を求めるにはベクトルの要素ごとの演算を用いて次のようにする.

―――――――――――――――――――――MATLAB & Scilab―
```
>> f = [0 1 0 1 0 1];
>> f .* 0.5 .^(1:length(f))
ans =
      0    0.2500       0    0.0625       0    0.0156
```

その和

$$\sum_{j=1}^{t} f_j \times 2^{-j}$$

は，ベクトルの要素の和を求める命令 sum を用いる．

―――――――――――――――― MATLAB & Scilab ―
```
>> sum(f .* 0.5 .^(1:length(f)))
ans =
   0.32812500000000
```

多くのコンピュータで採用されている **IEEE754 規格倍精度実数**(IEEE754 standard) では，64 ビットで 1 つの数値を表し，次に示すようなビット数を符号部，仮数部，指数部にそれぞれ割り当てている．

IEEE 規格倍精度実数
符号部 1 ビット（0（正）または 1（負））
指数部 11 ビット（1023 を引いた整数，0 および 2047 は特別扱い）
仮数部 52 ビット（仮数部の最初の 1 は記録しない）

仮数部では正規化されているため小数点の左の 1 は省き，小数点以下の値だけ保持する．

```
符号部    指数部              仮数部
  0  | 0 1 ··· 0 | 0 1 1 0 ··· 1
         11 ビット      52 ビット
```

2.1.2 オーバーフロー，アンダーフロー

指数部に 11 ビットを割り当てたとき，$2^{11} = 2048$ であるが，指数部がすべて 1(=2047) とすべて 0 の場合は除くため，表現できる最も大きな値は

$$f_1 = f_2 = \ldots = f_{52} = 1,$$
$$e = 2046 - 1023 = 1023$$

のときでほぼ 1.8×10^{308} である．これより大きな値はオーバーフロー(over flow) となり，Inf として表示される．Inf になっても何もメッセージなどは

表示されないまま演算が続けられる．

―――――――――――――――――――MATLAB & Scilab―
```
>> (1e150)^2
ans =
      1e+300
>> (1e200)^2
ans =
   Inf
>> 1/Inf              % Scilab では 1/%inf
ans =
    0
```

最も小さな値は

$$f_1 = f_2 = \ldots = f_{52} = 0,$$
$$e = 1 - 1023 = -1022$$

のときでほぼ 2.2×10^{-308} である．これより小さな値はアンダーフロー(underflow)となり，結果は 0 になる．

―――――――――――――――――――MATLAB & Scilab―
```
>> (1e-150)^2
ans =
      1e-300
>> (1e-200)^2
ans =
    0
```

アンダーフローが起きた場合にも警告は表示されず計算はそのまま続行される．0 による除算のときは警告が表示される．

```
                                                              ─MATLAB─
>> 1/(1e-200)^2
Warning: Divide by zero.
(Type "warning off MATLAB:divideByZero" to suppress
  this warning.)
ans =
   Inf
```

これは分母がアンダーフローによって 0 となってしまったために，0 による除算が発生した例である．

MATLAB では，表現できる最も大きな値は realmax, 最も小さな値は realmin で得られる．

```
                                                              ─MATLAB─
>> realmax
ans =
    1.797693134862316e+308
>> realmin
ans =
    2.225073858507201e-308
```

2.1.3 丸め誤差

数値を有限桁で表すとき，もとの数値の桁数が多ければ正確にその数値を表すことができない．あふれた桁の扱いによって，切り捨て，切り上げ，四捨五入がある．このような操作は**丸め**(roundoff) といい，これによって生じる誤差を**丸め誤差**(roundoff error) という．

実数 x が与えられたとき，丸められた値を $fl(x)$ で表すことにする．

$$fl(x) = x(1+\varepsilon), \quad |\varepsilon| \leq \varepsilon_M$$

となる ε_M をマシンイプシロン(machine epsilon)，あるいは丸めの単位(unit roundoff)とよぶ．IEEE規格倍精度で四捨五入（2進表現なので実際には零捨一入）のときは $\varepsilon_M \approx 1.1 \times 10^{-16}$ となる．

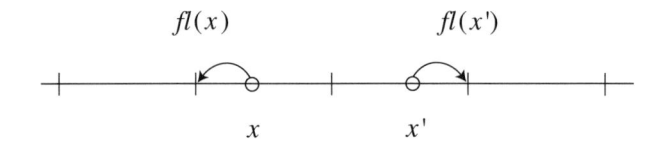

次の例では $1+x$ を丸めたときに 1 となる x を求めている．

```
―――――――――――――――――――MATLAB & Scilab
>> x = 1;
>> while (1+x ~= 1)
       x = x/2;
   end
>> x
x =
    1.110223024625157e-16
```

この結果から，$1 + 1.1 \times 10^{-16}$ は 1 に丸められてしまうことがわかる．

■■■■ 仮数部の2進表現を求める（bitex）■■■■

$0 < a < 1$ となる実数 a が与えられたときに，その2進展開を行って，52ビット分の仮数部の値を返すプログラムを示す．

―― MATLAB & Scilab ――
```
function c = bitex(a)
    c = '';
    while a < 1
        a = a*2;
    end
    a = a - 1;
    for j=1:52
        if a>=0.5
            c = strcat(c,'1');
            a = a - 0.5;
        else
            c = strcat(c, '0');
        end
        a = a*2;
    end
```

MATLABではファイル名を bitex.m, Scilabでは bitex.sci として保存すると関数として利用できる．

2.1.4 桁落ちと情報落ち

ごく近い2つの数の差によって結果の絶対値が小さくなるような計算を行うと，有効桁が失われる．これを **桁落ち**(cancellation) という．

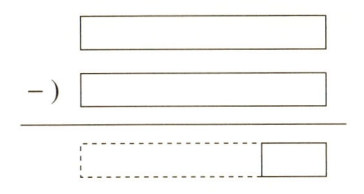

桁落ちは数値計算では気をつけなければいけない現象であり，計算法の工夫で避けられる場合もある．次節では2次方程式の解法を例にして桁落ちの様子を示す．

絶対値の大きさが大きく異なる2つの数の和や差を計算すると小さな数が結果に反映されない．これを**情報落ち**という．

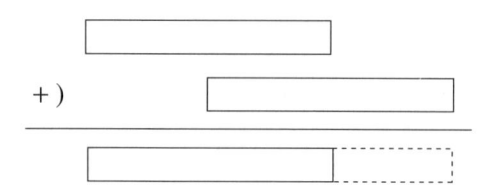

2.2 デジタル世界の落とし穴

有限桁の浮動小数点数で計算を行うと数学で成り立つ関係が成り立たなくなることがある．そのため，計算結果が予想とは異なってしまう場合がある．このような気をつけるべき例をいくつかあげる．

有限桁の影響を確かめるために，以下では数値は $fl(x)$ によって10進5桁に丸められるものとし，倍精度で計算したものと比較することにする．桁数が少ないとその影響が顕著に現れるが，桁数が多くなった場合でも本質的な問題は変わらない．

10進5桁で四捨五入するためのプログラム例を示す．ここではプログラムを簡潔にするためにいったん数値を文字として扱っている．

――――MATLAB――――
```
%     fl.m
function y = fl(x)
   digits = 5;
   form = ['%.' num2str(digits-1) 'e'];
   y = str2num(sprintf(form,x));
```

Scilabでは次のようにし，`getf('fl.sci')` を実行しておく．

2.2 デジタル世界の落とし穴

```
// ──────────────────────────────────── Scilab
// fl.sci
function y = fl(x)
   digits = 5;
   form = '%8.'+msprintf('%d',digits-1)+'e';
   y = evstr(msprintf(form,x));
```

この関数を用いると以下のようになる．

```
// ──────────────────────────────── MATLAB & Scilab
>> format long
>> fl(pi)           % Scilab では fl(%pi)
ans =
   3.14160000000000
```

2次方程式の解の公式

実係数の2次方程式

$$ax^2 + bx + c = 0$$

の解は

$$x = \frac{-b \pm \sqrt{b^2 - 4ac}}{2a}$$

で与えられる．$a = 1$, $b = -124$, $c = 1$ のとき倍精度で求めた2解は次のようになる．

```
>> a = 1; b = -124; c = 1;
>> (-b + sqrt(b^2 - 4*a*c))/(2*a)
ans =
     1.239919349593155e+02
>> (-b - sqrt(b^2 - 4*a*c))/(2*a)
ans =
   0.00806504068453
```
―MATLAB & Scilab―

ここで，10進5桁で解を求めてみる．

$$\sqrt{b^2 - 4ac} = \sqrt{124^2 - 4} = \sqrt{15372} = 123.98386\cdots$$

であるので

$$fl\left(\sqrt{b^2 - 4ac}\right) = 123.98$$

となる．1つの解を求めてみると，

```
>>  fl( fl(124 + 123.98)/2 )
ans =
    123.99
```
―MATLAB & Scilab―

となる．10進5桁で計算した結果は有効桁数を多くとって計算した結果と5桁一致している．

もう一方の解を求めてみると，

```
>> fl( fl(124 - 123.98)/2 )
ans =
     0.01
```
―MATLAB & Scilab―

となり，倍精度の計算結果 $0.008065\cdots$ とは異なっている．これは 124 からそれと近い値 $\sqrt{15372} = 123.98386\cdots$ を引いたことで桁落ちが発生したた

めである．

この計算は本来，

$$
\begin{array}{r}
124.00000000000 \\
-)\ 123.98386991\cdots \\
\hline
0.01613008\cdots
\end{array}
$$

であるが，5 桁の計算では，

$$
\begin{array}{r}
124.00 \\
-)\ 123.98 \\
\hline
0.02
\end{array}
$$

のようになってしまう．

このような近い値どうしの減算が現れてしまうとき，解と係数の関係

$$\beta = \frac{c}{\alpha a}$$

を利用するとよい．この式を用いると

```
                                            ─ MATLAB & Scilab ─
>> fl(1/123.99)
ans =
     0.0080652
```

となり，精度が改善されている．

この結果から，判別式が正のときの実係数の 2 次方程式

$$ax^2 + bx + c = 0$$

の 2 つの解 α, β を求める公式は，コンピュータでは次のようになる．

$$\begin{cases} \alpha = \dfrac{-b - \mathrm{sign}(b) \times \sqrt{b^2 - 4ac}}{2a} \\ \beta = \dfrac{c}{\alpha a} \end{cases}.$$

ここで関数 sign は

$$\mathrm{sign}(x) = \begin{cases} 1, & x \geq 0 \\ -1, & x < 0 \end{cases}$$

である．MATLAB および Scilab では関数 `sign` が用意されている．ただし $x = 0$ のとき `sign(x)=0` となる．

$b \neq 0$ のとき以下のように計算する．

―――――――――――――――――MATLAB & Scilab―
```
alpha = (-b - sign(b)*sqrt(b^2 - 4*a*c))/(2*a);
beta = c/(alpha*a);
```

判別式が負のときにはこのような問題は生じない．

■■■ 情報落ち ■■■

2 つの数値が

$$x_1 = 1.2173 \times 10^4,$$
$$x_2 = 3.1481$$

のとき，

$$\begin{aligned} x_1 + x_2 &= 1.2173 \times 10^4 + 3.1481 \\ &= 1.2173 \times 10^4 + 0.00031481 \times 10^4 \\ &= 1.21761481 \times 10^4 \end{aligned}$$

であるので，

$$fl(x_1 + x_2) = 1.2176 \times 10^4$$

となる．この計算では x_2 の 2 桁目以降は計算結果に反映されない．さらに，

$$x_1 = 1.2173 \times 10^5, \quad x_2 = 3.1481$$

のときは

$$fl(x_1 + x_2) = 1.2173 \times 10^5$$

となり，x_2 を加えているのにもかかわらず値が x_1 のままである．

このように値の大きさが大きく異なる 2 数の和を求めると，小さな値が結果に反映されない情報落ちが起こる．多くの小さな値を加えて得られる値と大きな値の和を求めるような計算では，先に小さな値の和を求めてから最後に大きな値を加えるか，大きな値に対して小さな値を加えていくかによって結果が異なる場合がある．

平均値の計算

a, b の値が

$$\begin{cases} a = 8.1651 \\ b = 8.1653 \end{cases}$$

のとき，その平均値

$$\frac{a+b}{2} = 8.1652$$

の計算を 5 桁の浮動小数点演算で行う．

―MATLAB & Scilab―
```
>> a = 8.1651; b = 8.1653;
>> fl(fl(a + b)/2)
ans =
      8.1650
```

結果は 8.1650 となり，a と b の平均値を求めているはずが，結果は a と b の

間にない．

これを $a + (b-a)/2$ によって計算する．

―――――――――――――――――― MATLAB & Scilab ―
```
>> fl(a + fl(fl(b - a)/2))
ans =
      8.1652
```

このときは a, b の平均値と 5 桁一致する．

■■■■■ 分子の有理化 ■■■■■

$x = 0.0012345$ のとき $\sqrt{1+x} - 1 \approx 0.617059 \times 10^{-3}$ であるが，これを 5 桁の浮動小数点演算で求めてみよう．関数 fl を用いて順に計算していくと以下のようになる．

―――――――――――――――――― MATLAB & Scilab ―
```
>> fl(1 + x)
ans =
   1.0012
>> fl(sqrt(1.0012))
ans =
   1.0006
>> fl(1.0006 - 1)
ans =
      0.0006
```

倍精度の結果と比べると結果は 1 桁しかあっていない．これも x が小さいとき，$\sqrt{x+1}$ と 1 が近い値となることが原因である．

このようなときには，分子の有理化を行うことで近い値どうしの減算を避けることができる．分子の有理化を行い，

$$\sqrt{1+x} - 1 = \frac{x}{\sqrt{1+x}+1}$$

と式を変形してから計算を行うと以下のようになる．

———————————————————————— MATLAB & Scilab ——
```
>> fl(1.0006 + 1)
ans =
       2.0006
>> fl(0.0012345/2.0006)
ans =
   0.00061706
```

倍精度の結果は $0.617059\cdots \times 10^{-3}$ であるので，変形を行う前の計算結果 0.0006 と比べると，分子の有理化を行った結果は大きく改善されている．

0.1 の2進表現

0.1 は2進数で表すと

$$(0.0001100110011\cdots)_2$$

となり循環小数になる．これを浮動小数点数で表したときには，仮数部は有限桁で丸められる．

$a = 0.1$ として仮数部を求めてみよう．仮数部の展開では 77 ページで定義した関数 `bitex` を用いる．結果は次のようになる．

———————————————————————— MATLAB & Scilab ——
```
>> bitex(0.1)
ans =
1001100110011001100110011001100110011001100110011010
```

正規化して仮数部に格納するとき，53 ビット目が 1 であるため，丸めると

繰り上がりが起こる．そのため最後は'1100'の繰り返しではなくなり，0.1 よりわずかに大きな値となる．

0.1 + 0.1 はやはり 0.2 よりわずかに大きな値となる．0.5 + 0.1 はどうだろうか．このときには，0.5 は正確に表されており，0.1 よりわずかに大きな値をたしているのにもかかわらず，結果は 0.6 よりもわずかに小さな値となる．

x をはじめに 0.1 とし，0.1 を何度も加えて $x = 1$ となったときに処理をやめる次のようなプログラムを実行すると，正確な数値よりわずかに異なることが原因で予想した回数を実行しない．

───────────────────────────── MATLAB & Scilab ─

```
x = 0.1
while x < 1
    x = x + 0.1
end
```

0.5 に 0.1 を繰り返し加えるとその仮数部は次のようになっている．

```
0.5   00000000000 … 00000000000
0.6   00110011001 … 01100110011
 ⋮          ⋮
0.9   11001100110 … 10011001100
1.0   11111111111 … 11111111111
1.1   00011001100 … 00110011001
```

1.0 になるはずのときに，仮数部はわずかに 1.0 より小さくなり `while` の条件をみたしていないと判断し，もう 1 回繰り返すことになる．

■■■■ 中間結果のオーバーフロー ■■■■

a または b が大きな値のときに

$$c = \sqrt{a^2 + b^2}$$

の計算をすると，結果の値 c はオーバーフローしない値のときでも，計算の途中で a^2 や b^2 の結果がオーバーフローとなってしまうことがある．

このようなときは，次に示すように2つの数のうち絶対値の大きい方の値で割った値を用いることで計算途中のオーバーフローを防ぐことができる．

$$s = \max(|a|, |b|),$$
$$c = s\sqrt{\left(\frac{a}{s}\right)^2 + \left(\frac{b}{s}\right)^2}.$$

次の例ではそのまま計算すると結果はオーバーフローにより Inf となっているが，途中でのオーバーフローを避けることにより結果を得ることができている．

```
                                                      MATLAB & Scilab
>> a = 2.0e200;
>> b = 1.0e200;
>> c = a^2 + b^2
c =
    Inf
>> s = max(abs([a b]));
>> c = s*sqrt((a/s)^2 + (b/s)^2)
c =
  2.2361e+200
```

計算の途中でアンダーフローが起きるような小さな値のときでも同様の工夫が成り立つ．

2.3 計　算　量

前節では数値が有限桁で表されることの影響についてみてきたが，計算時間の有限性についても配慮する必要がある．いくらコンピュータが速くなっ

ても，計算方法の選択を誤ると計算結果を得るのに非常に時間を要してしまうことになる．連立一次方程式の解法を例にして**計算量**について説明する．

A を n 次正方行列とし，$\boldsymbol{b}$ を n 次元ベクトルとする．連立一次方程式

$$Ax = \boldsymbol{b}$$

を**消去法**を用いて解くときには，第 5 章で示すように約 $n^3/3$ 回の乗除算を必要とする．

n が 2 倍になったとき，乗除算の回数は $(2n)^3/3 = 8(n^3/3)$ であるので約 8 倍になる．これは計算にどれくらいの時間がかかるかの目安になる．$n=1000$ のときに 1 秒を要するとすると，$n=2000$ では 8 秒程度かかると予想される．

本書では，計算量として乗除算の回数を用いることにする．n^2 に比例するような計算法では n が 2 倍になると計算時間は 4 倍程度とみなせる．計算量が n^2 に比例するとき，n^2 のオーダーといい，$O(n^2)$ と表す．消去法では $O(n^3)$ である．

係数行列，および右辺ベクトルを

$$A = \begin{pmatrix} a_{11} & a_{12} \\ a_{21} & a_{22} \end{pmatrix}, \quad \boldsymbol{b} = \begin{pmatrix} b_1 \\ b_2 \end{pmatrix}$$

とする．$\boldsymbol{x} = A^{-1}\boldsymbol{b}$ の要素 x_1, x_2 を **Cramer の公式**(Cramer's rule) で求めると，

$$x_1 = \frac{\begin{vmatrix} b_1 & a_{12} \\ b_2 & a_{22} \end{vmatrix}}{\begin{vmatrix} a_{11} & a_{12} \\ a_{21} & a_{22} \end{vmatrix}},$$

および，

$$x_2 = \frac{\begin{vmatrix} a_{11} & b_1 \\ a_{21} & b_2 \end{vmatrix}}{\begin{vmatrix} a_{11} & a_{12} \\ a_{21} & a_{22} \end{vmatrix}}$$

となる．

未知数が n 個のとき，Cramer の公式で現れる行列式を置換を用いた展開式で計算すると，計算量は n の階乗に比例する．ここで n の階乗は $n!$ と表し，

$$n! = 1 \times 2 \times \cdots \times (n-1) \times n$$

である．そのため，このような計算法では解を得るための計算量は $O(n!)$ となる．

表 2.1 に n^3 や $n!$ の値を示す．これをみると，手計算で現れるような $n = 2$ や 3 程度では階乗はたいしたことはないが，n が大きくなるに従って急激に増大していることがわかる．

高速 Fourier 変換の計算量はほぼ $(1/2)n \log_2 n$ である．$n = 1000$ のときこの値は約 5000 になり，n^2 のときの 10^6，n^3 のときの 10^9 と比べるとはるかに値が小さい．

表 **2.1** オーダー

n	$n \log_2 n$	n^2	n^3	$n!$
2	2.0	4	8	2
3	4.7	9	27	6
4	8.0	16	64	24
5	11.6	25	125	120
6	15.5	36	216	720
7	19.6	49	343	5040
8	24.0	64	512	40320
9	28.5	81	729	362880
10	33.2	100	1000	3628800
100	664.3	10^4	10^6	9.33262×10^{157}
1000	9965.7	10^6	10^9	4.02387×10^{2567}

規模の大きな問題を扱うときには，そこで現れる計算法の計算量がどの程度であるかをあらかじめ知っておく必要がある．

2.4 メモリー

コンピュータでは数値などのデータはメモリーや外部記憶装置に保存される．これも有限であり，いくらでも使えるわけではない．大規模なデータを

扱うときにはメモリーをどれくらい必要とするか注意を払う必要がある．

IEEE 倍精度規格では，実数は 8 バイト（64 ビット）で表されている．A を 1000 次の正方行列とすると，その要素数は 1000×1000 で，約 8M バイトのメモリーを使用する．MATLAB では変数の状況は whos によって確かめることができる．Scilab では whos() を用いる．

```
─────────────────────────────────MATLAB─
>> clear;
>> A = zeros(1000);
>> whos
  Name       Size                Bytes   Class
  A          1000x1000           8000000 double array
```

ここで clear は変数などのデータをいったん消去する命令である．

変数 j に 1 から 1000 まで 1 刻みの値を代入する．

```
─────────────────────────────────MATLAB─
>> clear;
>> j=1:1000;
>> whos
  Name       Size                Bytes   Class
  j          1x1000              8000    double array
```

これも倍精度実数として扱われていることがわかる．

MATLAB や Scilab で行列やベクトルを用いるときに，あらかじめ配列の宣言をする必要はない．要素を指定して代入すれば自動的にサイズを調整する．次の例では，変数 A の (2,1) 要素と (1,3) 要素に何も宣言なしで値を代入している．このとき，代入していない要素は 0 として補われ，自動的にベクトルや行列として扱われている．

```
>> clear;
>> A(2,1) = 3
A =
     0
     3
>> A(1,3) = -1
A =
     0     0    -1
     3     0     0
```

　ただし，サイズが大きなベクトルや行列の要素を宣言なしで順に代入していくと，代入のたびにメモリーの再確保のための時間がかかってしまう．次のプログラムは MATLAB で 1000 次の行列 A の要素を代入してその時間を測定したものである．

```
clear;
tic;
for j=1:1000
   for k=1:1000
      A(j,k) = j+k;
   end
end
toc
```

　これを実行したときの出力は，すべての要素に代入をするのに要した時間を秒で示している．あるコンピュータで実行したところ次のように約 38 秒かかった．

```
elapsed_time =
   38.0398
```

命令を次のようにして再度時間を測定する．

```
clear;
tic;
A = zeros(1000,1000);
for j=1:1000
   for k=1:1000
      A(j,k) = j+k;
   end
end
toc
```

この結果は次のように約 5.5 秒となり，所用時間が 1/6 程度になっていることがわかる．

```
elapsed_time =
    5.5351
```

これらの処理で異なっているのは for ループの前に加わった次の 1 行だけである．

```
A = zeros(1000,1000);
```

この命令により for ループの前に変数 A のメモリーがすべて確保されるため，ループ内では代入処理だけになる．内側のループでは 1000×1000 回の

処理が行われるため，1回あたりの時間はそれほどでなくても結果として大きな違いとなって現れる．

　MATLAB や Scilab はインタープリタ言語であるため命令を解釈しながら計算などの処理を実行している．そのため for ループによる処理をベクトルに対する命令に置き換えることができると処理速度が大幅に向上することがある．

　次の例は k をベクトルとし，内側の for ループによる代入処理をベクトルに対する命令で一括して表記している．

```MATLAB
clear;
tic;
A = zeros(1000,1000);
k = 1:1000;
for j=1:1000
     A(j,k) = j+k;
end
toc
```

この結果，処理に要する時間は約 0.3 秒にまで減少した．

```MATLAB
elapsed_time =
    0.2944
```

　このように MATLAB や Scilab ではベクトルに対する命令は処理時間の観点から積極的に利用した方がよい．

第3章

関数の近似法

考察したい対象に対して入力を x, 出力を y とし,その関係を $y = f(x)$ と表したとき, f をできるだけ簡単な方法で表すことができると便利である.

```
入力        対象        出力
 x    →    [ f ]   →   y = f(x)
```

本章では,多項式と有理式を用いて関数やデータを近似する方法について述べる.

3.1 多項式による近似

3.1.1 多項式補間

相異なる n 個の点 $x_0, x_1, \ldots, x_{n-1}$ とその点での関数値

$$f_i = f(x_i), \quad i = 0, 1, \ldots, n-1$$

が与えられたときに,たかだか $n-1$ 次の多項式 $P_{n-1}(x)$ が

$$P_{n-1}(x_i) = f(x_i), \quad i = 0, 1, \ldots, n-1 \tag{3.1}$$

をみたすとき, $P_{n-1}(x)$ を $f(x)$ の**補間多項式**(interpolant) といい, $x_0, x_1, \ldots, x_{n-1}$ を**補間点**という.式 (3.1) は**補間条件**である.

MATLABでは関数 `polyfit` を用い,補間点 `x`, その点での関数値 `f` と補間多項式の次数を引数として与える.次の例では, $n = 7$ とし, $e^{-x} \sin x$

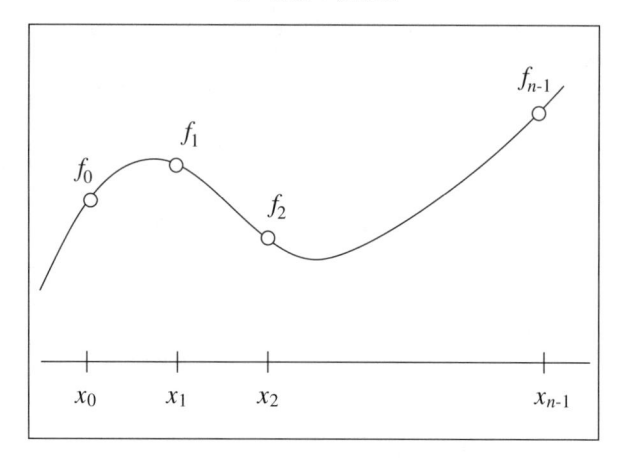

図 **3.1**　多項式による補間

の 6 次の補間多項式を求めている．結果を図 3.2 に示す．図中で ○ は補間条件として与えられた点で，曲線は補間多項式のグラフである．

```
―――――――――――――――――――――――MATLAB―
>> n = 7
>> x = [0 0.5 1 1.5 2 2.5 3];
>> f = sin(x).*exp(-x);
>> p = polyfit(x, f, n -1);
>> xi = -0.2:0.1:3.5;
>> plot(xi, polyval(p, xi), '-', x, f, 'o');
```

Scilab では，MATLAB の `polyfit` に対応する関数は用意されていない．そのかわり区間を分けてそれぞれを多項式で近似するスプライン補間を行う関数 `smooth` がある．次の例では，与えられた点を通る多項式の値を 0.1 刻みで求め，`fi` の第 1 行にその `x` の値，第 2 行に多項式の値を返している．

図 3.2　$e^{-x}\sin x$ の補間

```
-- Scilab --
--> x = [0 0.5 1 1.5 2 2.5 3];
--> f = sin(x).*exp(-x);
--> plot2d(x', f', -1);
--> fi = smooth([x; f], 0.1);
--> plot2d(fi(1,:)', fi(2,:)');
```

MATLAB でスプライン補間を行うには関数 interp1 を次のように用いる.

```
-- MATLAB --
>> x = [0 0.5 1 1.5 2 2.5 3];
>> f = sin(x).*exp(-x); xi = -0.2:0.1:3.5;
>> fi = interp1(x, f, xi, 'spline');
>> plot(x, f, 'o', xi, fi);
```

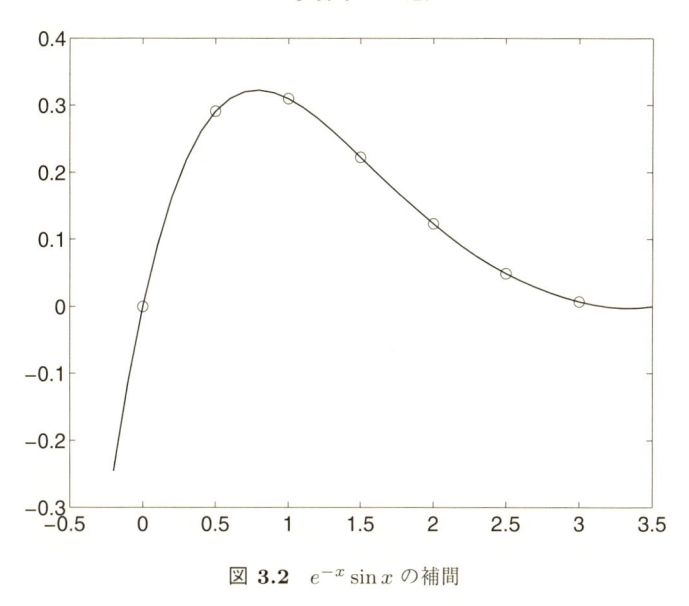

$n-1$ 次の多項式を

$$P_{n-1}(x) = c_0 + c_1 x + \cdots + c_{n-1} x^{n-1}$$

とおいたとき,補間条件 (3.1) は

$$\begin{cases} P_{n-1}(x_0) = c_0 + c_1 x_0 + \cdots + c_{n-1} x_0^{n-1} = f_0 \\ P_{n-1}(x_1) = c_0 + c_1 x_1 + \cdots + c_{n-1} x_1^{n-1} = f_1 \\ \quad \vdots \\ P_{n-1}(x_{n-1}) = c_0 + c_1 x_{n-1} + \cdots + c_{n-1} x_{n-1}^{n-1} = f_{n-1} \end{cases}$$

と表される.これは $c_0, c_1, \ldots, c_{n-1}$ を未知数とする連立一次方程式

$$\begin{pmatrix} 1 & x_0 & x_0^2 & \cdots & x_0^{n-1} \\ 1 & x_1 & x_1^2 & \cdots & x_1^{n-1} \\ \vdots & \vdots & \vdots & & \vdots \\ 1 & x_{n-1} & x_{n-1}^2 & \cdots & x_{n-1}^{n-1} \end{pmatrix} \begin{pmatrix} c_0 \\ c_1 \\ \vdots \\ c_{n-1} \end{pmatrix} = \begin{pmatrix} f_0 \\ f_1 \\ \vdots \\ f_{n-1} \end{pmatrix}$$

に帰着する.

この係数行列は **Vandermonde 行列**とよばれる.係数行列を V とおくと,

$$\det V = \prod_{0 \leq i < j \leq n-1} (x_j - x_i)$$

の関係がある.この $\det V$ は $x_0, x_1, \ldots, x_{n-1}$ がすべて異なるときには 0 でなく,したがって,V は正則であり解が存在する.

Vandermonde 行列を用いた多項式補間の計算例を示す.

3.1 多項式による近似

```
>> n = 7;
>> x = [0 0.5 1 1.5 2 2.5 3];
>> f = exp(-x).*sin(x);
>> A = zeros(7,7);
>> for k=1:n
      A(:,k) = (x').^(k-1);
   end
>> b = f.';
>> c = A\b;
>> fliplr(c.')
ans =
   0.0005    0.0011   -0.0622    0.3958   -1.0319 ...
   1.0063         0
```

この結果は，補間多項式の係数が最高次の係数から並んで出力されている．

連立一次方程式の解 c は多項式の定数項から順に並んだ列ベクトルになっているため，転置と左右の反転の命令を組み合わせて最高次の係数から順に並んだ行ベクトルにしている．

Vandermonde 行列は n が大きくなるに従って誤差の影響を強く受けるようになる．また，連立一次方程式の解法は計算量が n^3 に比例する．次節では計算量が n^2 に比例する方法を示す．

3.1.2 Lagrange 補間

補間点が 2 点のとき，2 点を通る多項式は 1 次式となり，

$$P_1(x) = f_0 + (x - x_0)\frac{f_1 - f_0}{x_1 - x_0}$$

と表せる．この式を変形して，

$$P_1(x) = f_0\frac{x - x_1}{x_0 - x_1} + f_1\frac{x - x_0}{x_1 - x_0}$$

とする．ここで，

とおくと，
$$\varphi_0(x) = \frac{x - x_1}{x_0 - x_1},$$
$$\varphi_1(x) = \frac{x - x_0}{x_1 - x_0}$$
とおくと，
$$P_1(x) = f_0 \varphi_0(x) + f_1 \varphi_1(x)$$
と表せる．

一般に n 点が与えられたときに同様の形で補間多項式を表すことを考える．$n-1$ 次の多項式 $\varphi_k(x), k = 0, 1, \ldots, n-1$ によって $P_{n-1}(x)$ が
$$P_{n-1}(x) = \sum_{k=0}^{n-1} f_k \varphi_k(x)$$
と表されているものとする．もし $\varphi_k(x)$ が
$$\varphi_k(x) = \begin{cases} 0, & x = x_j, j \neq k \\ 1, & x = x_k \end{cases} \tag{3.2}$$
であれば，
$$P_{n-1}(x_i) = f_i, \qquad i = 0, 1, \cdots, n-1$$
となるので，$P_{n-1}(x)$ は補間条件 (3.1) をみたす．

多項式
$$\varphi_k(x) = \prod_{i=0, i \neq k}^{n-1} \frac{x - x_i}{x_k - x_i} \tag{3.3}$$
は条件 (3.2) をみたし，**Lagrange** の補間係数関数とよばれる．

ここで
$$\omega_{n-1}(x) = \prod_{k=0}^{n-1} (x - x_k)$$
とおくと
$$\varphi_k(x) = \frac{\omega_{n-1}(x)}{(x - x_k)\, \omega'_{n-1}(x_k)}$$
と表せる．

補間多項式の一意性について示そう．$p(x)$ を $n-1$ 次の補間多項式とし，もう

1つ $n-1$ 次の補間多項式 $q(x)$ があるとする．$r(x) = p(x) - q(x)$ は $n-1$ 次以下の多項式になる．補間条件から $r(x_i) = p(x_i) - q(x_i) = f(x_i) - f(x_i) = 0$ であるので，$r(x)$ は n 点で 0 となる．n 点で 0 となる $n-1$ 次以下の多項式は恒等的に 0 となることから，$r(x)$ は恒等的に 0 となり，$p(x) = q(x)$ となることがわかる．したがって，補間点が互いに異なれば補間多項式は一意に定まる．

補間多項式の係数を求める方法は，Vandermonde 行列を係数行列にする連立一次方程式の計算量の少ない解法としても利用される．

次の関係を用いて補間の誤差を評価する．関数 $f(x)$ が区間 $[a,b]$ で n 階微分可能で，すべての補間点がこの区間に含まれるとする．このとき $x \in [a,b]$ に対して，

$$f(x) = P_{n-1}(x) + \frac{f^{(n)}(\xi)}{n!} \omega_{n-1}(x)$$

となる点 ξ が区間 (a,b) に存在する．

これより区間 $[a,b]$ における次のような誤差評価を得る．

$$|f(x) - P_{n-1}(x)| \leq \left(\frac{1}{n!} \max_{a \leq x \leq b} \left| f^{(n)}(x) \right| \right) \left(\max_{a \leq x \leq b} |\omega_{n-1}(x)| \right).$$

ここで右辺中の

$$\left(\max_{a \leq x \leq b} |\omega_{n-1}(x)| \right)$$

は関数に依存せず，補間点の分布のみに依存する．

3.1.3 Runge の現象

関数

$$f(x) = \frac{1}{25x^2 + 1}$$

を区間 $[-1, 1]$ において等間隔な点

$$x_j = -1 + \frac{2j}{n-1}, \quad j = 0, 1, \ldots, n-1$$

で補間すると，補間多項式は区間の端の方で大きく値が変動する．

$n = 11$ のとき，次のような計算を実行して補間多項式を求めてみるとグラフは図 3.3 のようになる．図中の ◦ は補間条件を表し，曲線は補間多項式で

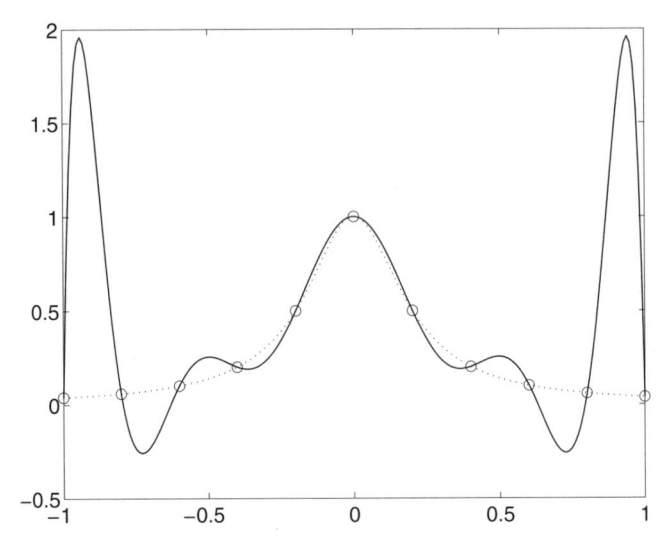

図 **3.3** Runge の現象 (10 次多項式による補間)

ある．点線は $1/(25x^2+1)$ を表している．補間多項式は補間区間の端の方で大きく変動している．このように補間点の間で補間多項式が大きく変動する現象は **Runge の現象** として知られている．この現象は補間点を増やすとさらに状況が悪くなってしまう．

```
>> n = 11;
>> x = linspace(-1, 1, n);
>> y = 1./(25.*x.^2 + 1);
>> p = polyfit(x, y, n - 1);
>> xx = linspace(-1, 1, 200);
>> plot(xx, polyval(p,xx), '-', x, y, 'o');
```
———MATLAB———

補間点の数を増やし，多項式の次数を 15 次にしたときのグラフを図 3.4 に示す．図 3.3 と比べると区間の端の方で補間多項式の値が大きくなっている．これを避けるためには補間点の配置を変え，区間の端の方により多くの補

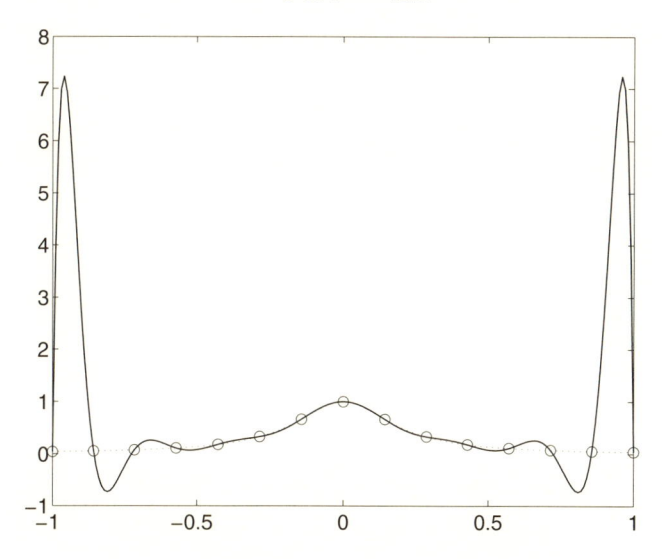

図 3.4 Runge の現象 (15 次多項式による補間)

間点をとるとよい．同じ関数に対して補間点を

$$x_j = \cos\left(-\frac{\pi j}{n-1}\right), \quad j = 0, 1, \ldots, n-1$$

のように区間の端により多くの点が分布するような点を与えてみる．10 次の多項式で補間したときの結果は図 3.5 のようになり，区間の端の方での補間多項式の値の変動が少なくなっているのがわかる．

```MATLAB
>> n = 11;
>> x = cos(-pi/(n-1)*(0:n-1));
>> y = 1./(25.*x.^2 + 1);
>> p = polyfit(x, y, n - 1);
>> plot(xx, polyval(p,xx), '-', x, y, 'o');
```

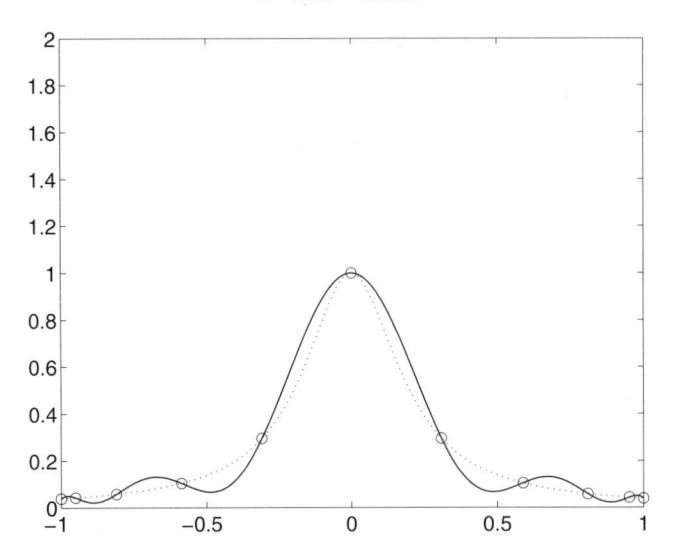

図 3.5 補間点を端に多くおいた場合 (10 次多項式による補間)

3.1.4 Maclaurin 展開を用いた近似

関数 $f(x)$ を Maclaurin 展開を途中で打ち切った多項式で近似する方法について述べる．関数 $f(x)$ の Maclaurin 展開は

$$f(x) = f(0) + f'(0)x + \frac{f''(0)}{2!}x^2 + \cdots + \frac{f^{(n-1)}(0)}{(n-1)!}x^{n-1}$$
$$+ \frac{f^{(n)}(\theta x)}{n!}x^n, \quad 0 < \theta < 1$$

のように表される．x^{n-1} の項までで打ち切った多項式を $P_{n-1}(x)$ とおき，これにより $f(x)$ を近似する．

$f(x) = \cos x$ のとき Maclaurin 展開は

$$\cos x = 1 - \frac{x^2}{2!} + \frac{x^4}{4!} - \cdots + (-1)^{n-1}\frac{x^{2n-2}}{(2n-2)!}$$
$$+ (-1)^n \frac{x^{2n}}{(2n)!}\cos\theta x, \quad 0 < \theta < 1$$

となる．$2n-2$ 次までの項で打ち切ると多項式になる．この多項式を

$$P_{2n-2}(x) = 1 - \frac{x^2}{2!} + \frac{x^4}{4!} - \cdots + (-1)^{n-1}\frac{x^{2n-2}}{(2n-2)!}$$

3.1 多項式による近似

とし,これによって $\cos x$ を近似する.級数

$$1 - \frac{x^2}{2!} + \frac{x^4}{4!} - \cdots$$

の収束半径は ∞ である.したがって n を十分に大きくすれば $-\infty < x < \infty$ の x について $P_{2n-2}(x)$ は $\cos x$ に収束していくはずである.

Maclaurin 展開の項数を変え,$P_2(x)$,$P_4(x)$,$P_8(x)$ のグラフを出力してみる.

――――MATLAB & Scilab――
```
>> x = linspace(0, 3*pi/2, 100);   % Scilabでは%pi
>> p2 = 1 - x.^2/2;
>> p4 = p2 + x.^4/24;
>> p8 = p4 - x.^6/720 + x.^8/40320;
>> plot(x, p2, ':', x, p4, '--', x, p8, '-.', x, cos(x));
```

図 3.6 でわかるように,次数を上げていくことで徐々に $\cos x$ の形に近づいている.

Scilab では次のようにする.

――――Scilab――
```
--> x = linspace(0, 3*%pi/2, 100);
--> p2 = 1 - x.^2/2;
--> p4 = p2 + x.^4/24;
--> p8 = p4 - x.^6/720 + x.^8/40320;
--> f = cos(x);
--> clf();
--> plot2d([x' x' x' x'],[p2' p4' p8' f'],[10 20 30 15]);
```

任意の項数の和を求めるには,$P_{2n-2}(x)$ の計算を行うとき,各 k について

$$\frac{(-1)^k x^{2k}}{(2k)!}$$

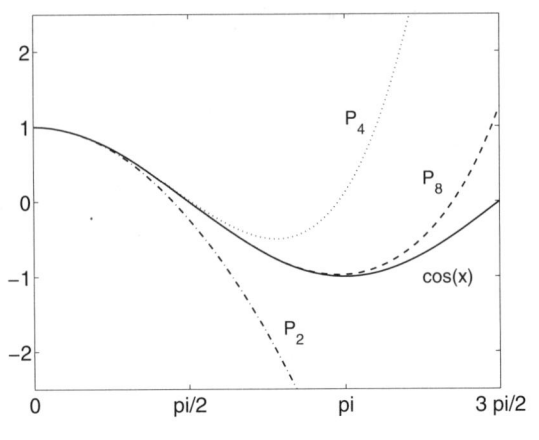

図 3.6 $\cos x$ の Maclaurin 展開

を計算しないで，隣り合う項の関係

$$(-1)^k \frac{x^{2k}}{(2k)!} = (-1)^{k-1} \frac{x^{2k-2}}{(2k-2)!} \times \frac{-x^2}{(2k-1)(2k)}$$

を利用する．こうするとべき乗を何度も計算する必要がなくなる．Maclaurin 展開の $2n-2$ 次の項までを利用した $\cos x$ の計算は以下のようになる．

───────MATLAB & Scilab───────

```
% mycos.m      // mycos.sci
function y = mycos(x)
   n = 50;
   y = 1;
   w = 1;
   x2 = -x .^ 2;
   for k=2:2:2*n-2
       w = w .* x2 / (k*(k-1));
       y = y + w;
       if max(abs(w)) <= eps      % Scilab では %eps
          break;
       end
   end
```

ここでは入力 x がベクトルの場合でも計算できるように要素ごとの演算を表す .* や .^ を用いている.

MATLAB および Scilab で関数 mycos を用いて $-2\pi \leq x \leq 2\pi$ の範囲のグラフを描く実行例を示す.

─────────────── MATLAB & Scilab ───
```
>> x = linspace(-2*pi, 2*pi, 100);   % Scilabでは %pi
>> plot(x, mycos(x));
```

図 3.7 に得られたグラフを示す. MATLAB や Scilab に用意されている cos(x) は十分によい精度で求められているとみなし,これと比較して mycos(x) の誤差を調べることにする.図3.8に計算結果の差を示す. x が 0 に近いときには,ほぼ 10^{-15} 以下になっていることがわかる.

ここで,さらに広い範囲の x で計算をしてみよう. $-40 \leq x \leq 40$ の範囲での mycos(x) のグラフを図3.9に示す.本来は関数値は -1 から 1 の範囲であるはずが, $x = \pm 40$ 付近で 6 より大きな値が表れている.

さらに範囲を広げ, $-100 \leq x \leq 100$ の範囲での誤差を図 3.10 に示す.図から x の絶対値が大きくなるに従って誤差が増大し, $x = \pm 100$ では 10^{20} を超える値となっている.

このような非常に大きな値が現れる原因は, x の値が大きいときには Maclaurin 展開の和が途中でいったん非常に大きくなった後,減少に向かうためである.

原点近傍では誤差が少ないことから, $\cos x$ の周期性を利用して, $x \geq 2\pi$ のときには

$$x' = \mathrm{mod}(x, 2\pi)$$

とすることで, $0 \leq x < 2\pi$ の範囲のみの計算で済む.これは関数 mod を用いて,以下のようにすればよい.

─────────────── MATLAB & Scilab ───
```
x = mod(x,2*pi);         //Scilabでは modulo(x, 2*%pi);
```

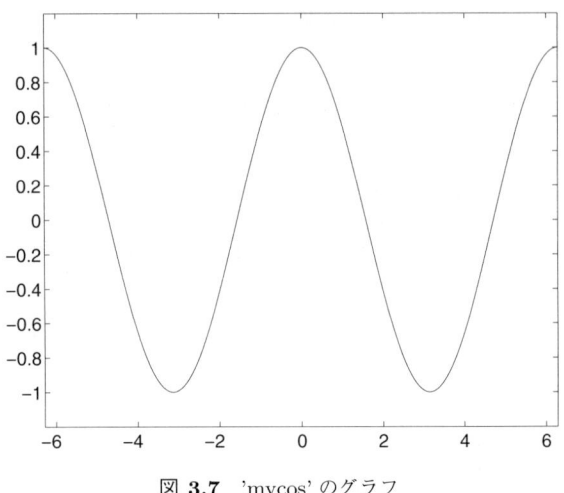

図 3.7 'mycos' のグラフ

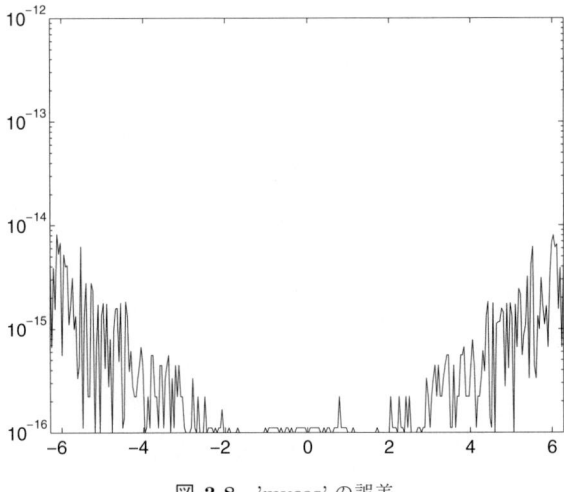

図 3.8 'mycos' の誤差

さらに，$\pi \leq x < 2\pi$ のとき，

$$\cos x = \cos(2\pi - x)$$

の関係を用いると，$0 \leq x < \pi$ の範囲になる．x がベクトルで与えられたと

3.1 多項式による近似　　　　　　　　　　　　　　　　109

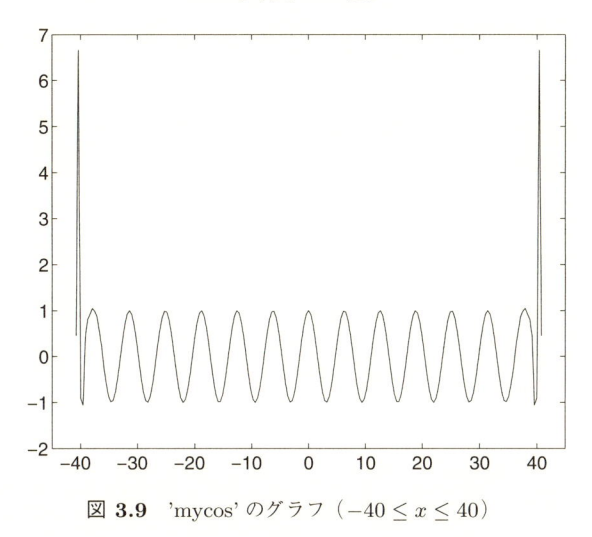

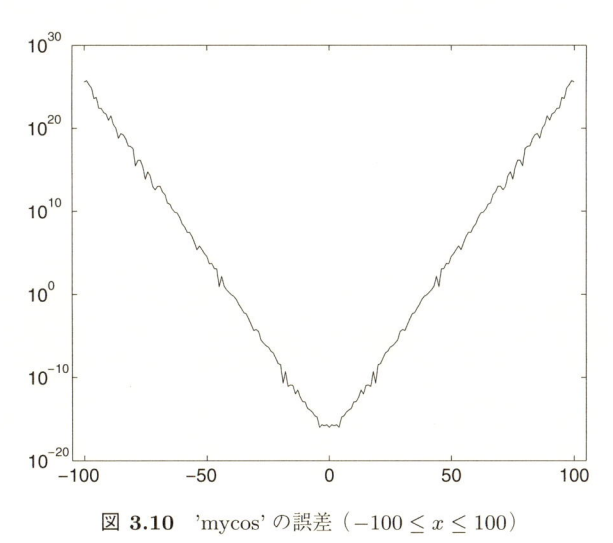

図 **3.9** 'mycos' のグラフ（$-40 \leq x \leq 40$）

図 **3.10** 'mycos' の誤差（$-100 \leq x \leq 100$）

き，$x \geq \pi$ となる x の要素の番号を求めるには find 命令を用いて以下のようにする．

―――――――――――――――――― MATLAB & Scilab
```
j2 = find(x>=pi);
```

0 から 2π の区間を 2 つに分け, $\pi \leq x < 2\pi$ のときには $\cos(2\pi - x)$ を用いるプログラムを示す.

―――MATLAB & Scilab―――
```
function y = mycos2(x)
   n = 50;
   y = 1;
   w = 1;
   x = mod(x,2*pi);           //Scilabでは %pi
   j2 = find(x>=pi);
   x(j2) = 2*pi - x(j2);
   x2 = x.^2;
   for k=2:2:2*n-2
       w = -w.*x2/(k*(k-1));
       y = y + w;
         if max(abs(w)) <= eps    % Scilabでは %eps
             break;
         end
   end
```

$\sin x$ の Maclaurin 展開も合わせて計算し, 以下のような関係を用いると $0 \leq x < \pi/4$ の範囲のみで値を計算するだけになる.

$$\cos x = \begin{cases} \sin(\pi/2 - x) & (\pi/4 \leq x < \pi/2) \\ \sin(\pi/2 - x) & (\pi/2 \leq x < 3\pi/4) \\ \cos(\pi - x) & (3\pi/4 \leq x < \pi) \\ \cos(2\pi - x) & (\pi \leq x < 2\pi) \end{cases}$$

$\cos x$ を近似したとき, 有限項で和を打ち切ることによる影響を評価する. Maclaurin 展開の関係より,

$$\cos x - P_{2n-2}(x) = (-1)^n \frac{x^{2n}}{(2n)!} \cos\theta x, \quad 0 < \theta < 1$$

である．$|\cos\theta x| \leq 1$ であることから，$|x| \leq r$ のとき

$$|\cos x - P_{2n-2}(x)| \leq \left|\frac{1}{(2n)!}\cos\theta x\right| r^{2n} \leq \frac{r^{2n}}{(2n)!}$$

となる．

$r = \pi/4$ とし，$n = 3$ とする．このとき

$$|\cos x - P_4(x)| \leq \frac{1}{6!}|\cos\theta x|\left(\frac{\pi}{4}\right)^6$$

となる．$(\pi/4) < 0.25$ の関係から

$$|\cos x - P_4(x)| < \frac{1}{6!}0.25^6 < 3.5 \times 10^{-4}$$

となる．

$n = 4$ のときこの値はほぼ 1×10^{-15}，$n = 5$ のときほぼ 2×10^{-18} となる．次に e^x を Maclaurin 展開で計算してみよう．

$$e^x = 1 + x + \frac{x^2}{2!} + \cdots + \frac{x^{n-1}}{(n-1)!} + \frac{x^n}{n!}e^{\theta x}, \quad 0 < \theta < 1$$

を利用し，$\cos x$ のときと同様に展開を有限項で打ち切った多項式によって e^x の近似値を求める．打ち切る次数を n 項とする．

$-2 \leq x \leq 2$ の範囲で求めたグラフを図 3.11 に示す．ここでは十分な項数を足すために $n = 100$ とした．

今度は $-50 \leq x \leq 5$ の範囲で求めたグラフを図 3.12 に示す．x が負の範囲では本来は 0 に近いはずの e^x が増大しており，$x = -50$ 付近では 10^{20} を超える値になっている．

ここでも $\cos x$ の計算のときと同様の問題が発生している．x が正のときは誤差があまり発生していないことを利用し，$x < 0$ のときには $e^x = 1/e^{-x}$ の関係を用いる．

3.2 離散 Fourier 変換

周期 2π の周期関数 $f(t)$ に対して

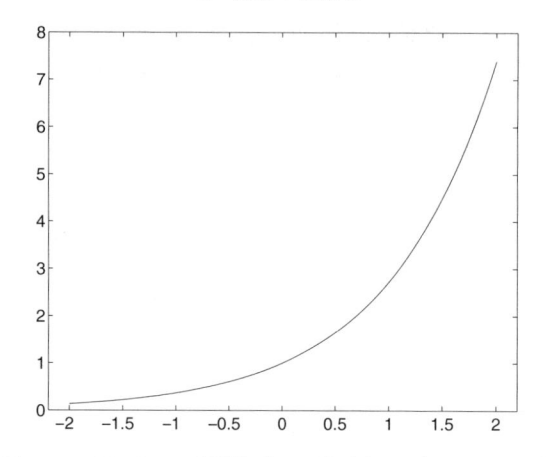

図 3.11 Maclaurin 展開によって求めた e^x ($-2 \leq x \leq 2$)

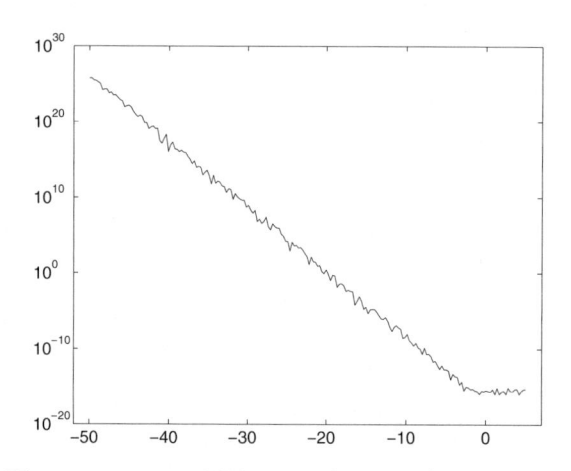

図 3.12 Maclaurin 展開によって求めた e^x ($-50 \leq x \leq 5$)

$$f(t) = \frac{a_0}{2} + \sum_{k=1}^{\infty}(a_k \cos kt + b_k \sin kt) \tag{3.4}$$

を **Fourier 級数**(Fourier series) という. また a_k, b_k を **Fourier 係数**(Fourier coefficients) とよぶ.

Fourier 係数は,

$$a_k = \frac{1}{\pi}\int_0^{2\pi} f(t)\cos kt\, dt, \quad k=1,2,\ldots,$$

および
$$b_k = \frac{1}{\pi}\int_0^{2\pi} f(t)\sin kt\, dt, \quad k=1,2,\ldots$$

と表すことができる.

オイラーの公式
$$e^{\mathrm{i}t} = \cos t + \mathrm{i}\sin t$$

より,
$$\begin{cases} \cos kt = \dfrac{e^{\mathrm{i}kt} + e^{-\mathrm{i}kt}}{2}, \\ \sin kt = \dfrac{e^{\mathrm{i}kt} - e^{-\mathrm{i}kt}}{2\mathrm{i}} \end{cases}$$

であることから,
$$\begin{aligned} a_k\cos kt + b_k\sin kt &= a_k\frac{e^{\mathrm{i}kt}+e^{-\mathrm{i}kt}}{2} + b_k\frac{e^{\mathrm{i}kt}-e^{-\mathrm{i}kt}}{2\mathrm{i}} \\ &= \frac{a_k - \mathrm{i}b_k}{2}e^{\mathrm{i}kt} + \frac{a_k + \mathrm{i}b_k}{2}e^{-\mathrm{i}kt} \end{aligned}$$

と表せる. ここで $b_0 = 0$ とし,
$$c_k = \frac{a_k - \mathrm{i}b_k}{2}, \quad c_{-k} = \frac{a_k + \mathrm{i}b_k}{2}$$

とおくと,
$$f(t) = \sum_{k=-\infty}^{\infty} c_k e^{\mathrm{i}kt} \tag{3.5}$$

と書くことができる. これを複素 Fourier 級数とよぶ.

ディラックのデルタ δ_{mn} を
$$\delta_{mn} = \begin{cases} 1 & (m=n) \\ 0 & (m\neq n) \end{cases}$$

とすると,
$$\int_0^{2\pi} e^{\mathrm{i}(n-m)t}dt = 2\pi\delta_{mn}$$

より, 式 (3.5) の両辺に $e^{-\mathrm{i}kt}$ をかけて 0 から 2π まで積分することで

$$c_k = \frac{1}{2\pi}\int_0^{2\pi} f(t)e^{-ikt}dt \qquad (3.6)$$

が得られる．

区間 $[0, 2\pi]$ の等間隔の点を

$$t_j = \frac{2\pi}{N}j, \quad j = 0, 1, \ldots, N-1$$

とし，その点での関数値を $f_j := f(t_j)$ とする．

離散 Fourier 変換(discrete Fourier transform, DFT)，および**離散 Fourier 逆変換**はそれぞれ，

$$F_k = \sum_{j=0}^{N-1} f_j e^{-ikt_j}, \quad k = 0, 1, \ldots, N-1,$$

$$f_j = \frac{1}{N}\sum_{k=0}^{N-1} F_k e^{ikt_j}, \quad j = 0, 1, \ldots, N-1$$

と表される．

ここで，

$$\omega_j = \exp\left(\frac{2\pi i}{N}j\right), \quad j = 0, 1, \ldots, N-1$$

とおく．離散 Fourier 逆変換の式は次のように表現できる．

$$\begin{pmatrix} f_0 \\ f_1 \\ \vdots \\ f_{N-1} \end{pmatrix} = \begin{pmatrix} \omega_0^0 & \omega_0 & \cdots & \omega_0^{N-1} \\ \omega_1^0 & \omega_1 & \cdots & \omega_1^{N-1} \\ \vdots & \vdots & & \vdots \\ \omega_{N-1}^0 & \omega_{N-1} & \cdots & \omega_{N-1}^{N-1} \end{pmatrix} \begin{pmatrix} F_0/N \\ F_1/N \\ \vdots \\ F_{N-1}/N \end{pmatrix}.$$

ここで現れる行列を W_N とおくと，これは Vandermonde 行列になっており，補間多項式のときの補間条件の式と一致する．これより，データ $f_0, f_1, \ldots, f_{N-1}$ が与えられたときに離散 Fourier 変換によって得られる値 $F_0/N, F_1/N, \ldots, F_{N-1}/N$ は，補間点を $\omega_0, \ldots \omega_{N-1}$，その点での関数値を $f_0, \ldots, f_{N-1}$ としたときの補間多項式の係数とみなすことができる．

離散 Fourier 逆変換の式から同様の行列表現が得られるが，ここで現れる

3.2 離散 Fourier 変換

行列は W_N の逆行列を表していることになる.

N 項の DFT により, N 個の値 $\{f_0, f_1, \ldots, f_{N-1}\}$ から N 個の係数 $\{F_0, F_1, \ldots, F_{N-1}\}$ が得られる. このとき, 積の回数は N^2 となる. m を整数とし, $N = 2^m$ のとき, 離散 Fourier 係数の計算を $\{f_0, f_2, \ldots, f_{N-2}\}$ および $\{f_1, f_3, \ldots, f_{N-1}\}$ に対する $n = N/2$ 項の DFT の係数から求めることができる. このようなデータを 2 つに分けることを繰り返して最後は 2 項の DFT に帰着させる. このような工夫をすることで計算の手間はほぼ $\frac{N}{2} \log_2 N$ となる. この方法は**高速 Fourier 変換**(fast Fourier transform, FFT) とよばれる. データ数が $N = 1024 = 2^{10}$ のとき, $N^2 \approx 10^6$ に対して $\frac{N}{2} \log_2 N \approx 5 \times 10^3$ であり, DFT の式をそのまま用いたときと比べて計算量が大幅に減っていることがわかる.

MATLAB と Scilab では, 高速 Fourier 変換には関数 `fft` を用いる.

次の例では, $f(x) = e^x$ の単位円周上の値を `f` に代入して FFT の計算をしている. F/N は e^x の Maclaurin 展開の係数 $1/(k!)$ を 8 点で補間した多項式の係数が得られている. N を大きくしていくと得られる係数の精度が上がっていく.

──────────────────────── MATLAB & Scilab ─

```
>> N = 8;
>> w = exp(2*pi*i/N*(0:N-1));      //Scilabでは%piと%i
>> f = exp(w);
>> F = fft(f);                      //ScilabではF=fft(f,-1)
>> real(F/N)'
ans =
   1.0000e+00
   1.0000e+00
   5.0000e-01
   1.6667e-01
   4.1667e-02
   8.3333e-03
   1.3889e-03
   1.9841e-04
```

図 3.13 $\sqrt{\frac{1+\frac{z}{2}}{1+2z}}$ の Maclaurin 展開による近似

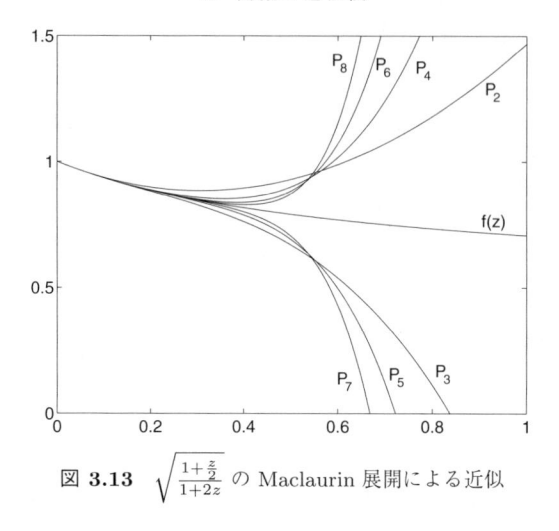

MATLAB では逆変換は `ifft` を用い，多次元データの FFT と逆 FFT はそれぞれ `fftn` と `ifftn` である．Scilab では関数 `fft` の 2 つめの引数が 1 のとき逆変換となる．多次元は `nfft` を用い，3 つめの引数で次元を与える．

3.3 有理関数による近似

3.3.1 Padé 近似

関数

$$f(z) = \sqrt{\frac{1+\frac{z}{2}}{1+2z}} = 1 - \frac{3}{4}z + \frac{39}{32}z^2 - \frac{267}{128}z^3 + \frac{7563}{2048}z^4 - \cdots$$

に対して，この Maclaurin 展開を n 次で打ち切った多項式を $P_n(z)$ とする．n を $3, 4, \ldots$ と変えたときの $P_n(z)$ のグラフは図 3.13 のようになる．図からわかるように多項式の次数を高くしても $z = 0.4$ あたりから $f(z)$ とは離れてしまい，うまく近似できていない．

このような関数に対して，有理関数によって近似する方法について説明する．関数 $f(z)$ は

$$f(z) = c_0 + c_1 z + c_2 z^2 + \cdots$$

と級数展開されているものとする．分子が m 次，分母が n 次の有理式を

$$\frac{P(z)}{Q(z)} = \frac{a_0 + a_1 z + \cdots + a_m z^m}{b_0 + b_1 z + \cdots + b_n z^n}$$

とする．分子と分母に同じ定数をかけても有理式 $P(z)/Q(z)$ は同じとなるため，定数倍の任意性がある．そこで係数の 1 つを正規化する．ここでは $b_0 = 1$ とする．

$$Q(z)f(z) - P(z) = O(z^{m+n+1})$$

をみたし，$P(z)$ と $Q(z)$ が互いに共通因子を持たないとき，$P(z)/Q(z)$ を $f(z)$ の **Padé 近似**という．ここで記号 $O(z^{m+n+1})$ は z の $m+n+1$ 次以上の項のみであることを表す．

先ほどの関数

$$f(z) = \sqrt{\frac{1 + \frac{z}{2}}{1 + 2z}}$$

に対して，分子が 1 次，分母が 2 次の有理式

$$\frac{P(z)}{Q(z)} = \frac{a_0 + a_1 z}{1 + b_1 z + b_2 z^2}$$

が Padé 近似となるように係数を決めてみよう．

$Q(z)f(z)$ は

$$Q(z)f(z) = c_0 + (c_1 + b_1 c_0)z + (c_2 + b_1 c_1 + b_2 c_0)z^2 + \cdots$$

となるので，これを

$$Q(z)f(z) = c'_0 + c'_1 z + c'_2 z^2 + \cdots$$

とおく．このとき

$$P(z) = c'_0 + c'_1 z$$

とおき，さらに c'_2, c'_3 が 0 になるように $Q(z)$ を決めると，

$$Q(z)f(z) - P(z) = c'_4 z^4 + c'_5 z^5 + \cdots$$

となる．

図 3.14 $\sqrt{\frac{1+\frac{z}{2}}{1+2z}}$ の Padé 近似

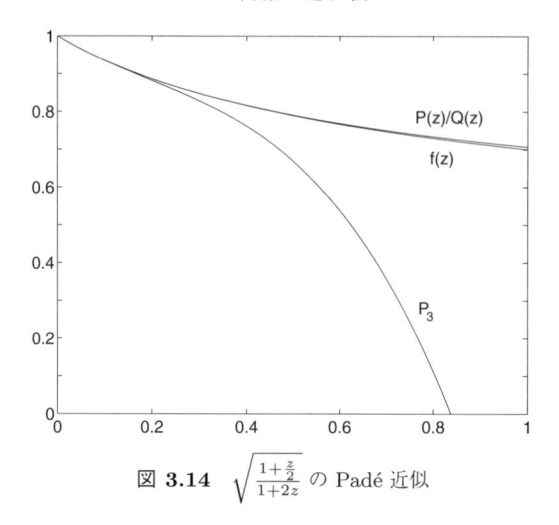

このとき $c_2' = 0$, $c_3' = 0$ より,

$$\begin{cases} c_2 + b_1 c_1 + b_2 c_0 = 0, \\ c_3 + b_1 c_2 + b_2 c_1 = 0 \end{cases}$$

であるので, $Q(z)$ の係数 b_1, b_2 は

$$\begin{pmatrix} c_0 & c_1 \\ c_1 & c_2 \end{pmatrix} \begin{pmatrix} b_2 \\ b_1 \end{pmatrix} = -\begin{pmatrix} c_2 \\ c_3 \end{pmatrix}$$

の解となる. ここで $c_0 = 1, c_1 = -3/4, \cdots$ を代入すると,

$$\begin{pmatrix} 1 & -\frac{3}{4} \\ -\frac{3}{4} & \frac{39}{32} \end{pmatrix} \begin{pmatrix} b_2 \\ b_1 \end{pmatrix} = -\begin{pmatrix} \frac{39}{32} \\ -\frac{267}{128} \end{pmatrix}$$

となる. これを解いて

$$Q(z) = 1 + \frac{25}{14}z + \frac{27}{224}z^2$$

を得る. $Q(z)f(z)$ を計算すると

$$Q(z)f(z) = 1 + \frac{29}{28}z - \frac{25647}{7168}z^4 - \frac{7209}{28672}z^5 + \cdots.$$

これより $P(z) = 1 + \frac{29}{28}z$ となる.

ここで, $m = n-1$ の場合に $P(z)$, $Q(z)$ を求める方法について示す. $f(z)$ は原点の周りを反時計回りに1周する単一閉曲線 Γ の内部および Γ 上で正則とする. Cauchy の積分公式から c_k について

$$c_k = \frac{1}{2\pi i} \int_\Gamma \frac{f(z)}{z^{k+1}} dz, \quad k = 0, 1, \dots$$

の関係がある.

ここで,

$$Q(z)f(z) = c'_0 + c'_1 z + c'_2 z^2 + \cdots$$

とすると,

$$c'_k = \frac{1}{2\pi i} \int_\Gamma \frac{Q(z)f(z)}{z^{k+1}} dz, \quad k = 0, 1, \dots$$

となる. よって,

$$\begin{aligned}
c'_k &= \frac{1}{2\pi i} \int_\Gamma \frac{(1 + b_1 z + \cdots + b_n z^n)f(z)}{z^{k+1}} dz \\
&= \frac{1}{2\pi i} \int_\Gamma \frac{f(z)}{z^{k+1}} dz + \frac{b_1}{2\pi i} \int_\Gamma \frac{f(z)}{z^k} dz + \cdots + \frac{b_n}{2\pi i} \int_\Gamma \frac{f(z)}{z^{k+1-n}} dz \\
&= c_k + b_1 c_{k-1} + \cdots + b_n c_{k-n}
\end{aligned}$$

となる.

分子の多項式 $P(z)$ を

$$P(z) = c'_0 + c'_1 z + \cdots + c'_{n-1} z^{n-1}$$

とおく. さらに $c'_n = \cdots = c'_{2n-1} = 0$ となるように $Q(z)$ を決める. これは

$$c'_k = c_k + b_1 c_{k-1} + \cdots + b_n c_{k-n} = 0, \quad k = n, \dots, 2n-1$$

となる. 連立一次方程式で表すと

$$\begin{pmatrix} c_0 & c_1 & \cdots & c_{n-1} \\ c_1 & c_2 & \cdots & c_n \\ \vdots & \vdots & & \vdots \\ c_{n-1} & c_n & \cdots & c_{2n-2} \end{pmatrix} \begin{pmatrix} b_n \\ b_{n-1} \\ \vdots \\ b_1 \end{pmatrix} = -\begin{pmatrix} c_n \\ c_{n+1} \\ \vdots \\ c_{2n-1} \end{pmatrix}$$

となる.

この係数行列は同じ値が斜めに並んだ構造をしており，このような行列を Hankel 行列という．これを解いて分母の係数 $b_1, \ldots, b_n$ が得られる．$Q(z)f(z)$ の定数項から $n-1$ 次の項までを $P(z)$ とすることで Padé 近似式 $P(z)/Q(z)$ が得られる．

3.3.2 無限遠点での Padé 近似

関数 $f(z)$ が

$$f(z) = c_{-1}z^{-1} + c_{-2}z^{-2} + c_{-3}z^{-3} + \cdots$$

と与えられている場合に分子が $n-1$ 次, 分母が n 次の有理式 $P(z)/Q(z)$ で $f(z)$ を近似することを考える．

このとき，$Q(z)$ は n 次の多項式であるので，

$$Q(z)f(z) = c'_{n-1}z^{n-1} + c'_{n-2}z^{n-2} + \cdots + c'_0 + c'_{-1}z^{-1} + \cdots$$

となる．この $n-1$ 次の多項式部分を $P(z)$ とし，$c'_{-1} = \cdots = c'_{-n} = 0$ となるように $Q(z)$ を決めることにする．

こうすると，

$$Q(z)f(z) - P(z) = c'_{-n-1}z^{-n-1} + c'_{-n-2}z^{-n-2} + \cdots$$

となる．

$f(z)$ は Γ を含む円環領域で正則とすると，

$$c_{-k-1} = \frac{1}{2\pi\mathrm{i}} \int_\Gamma z^k f(z) dz, \quad k = 1, 2, \ldots$$

の関係があるため，これを利用すると

$$\begin{aligned} c'_{-k-1} &= \frac{1}{2\pi\mathrm{i}} \int_\Gamma z^k (1 + b_1 z + \cdots + b_n z^n) f(z) dz \\ &= \frac{1}{2\pi\mathrm{i}} \int_\Gamma z^k f(z) dz + \frac{b_1}{2\pi\mathrm{i}} \int_\Gamma z^{k+1} f(z) dz + \cdots + \frac{b_n}{2\pi\mathrm{i}} \int_\Gamma z^{k+n} f(z) dz \\ &= c_{-k-1} + b_1 c_{-k-2} + \cdots + b_n c_{-k-n-1} \end{aligned}$$

となる．

これより $Q(z)$ の係数のみたす条件

$$c'_{-k-1} = c_{-k-1} + b_1 c_{-k-2} + \cdots + b_n c_{-k-n-1} = 0, \quad k = 0, \ldots, n-1$$

を得る．連立一次方程式で表すと，

$$\begin{pmatrix} c_{-2} & c_{-3} & \cdots & c_{-n-1} \\ c_{-3} & c_{-4} & \cdots & c_{-n-2} \\ \vdots & \vdots & & \vdots \\ c_{-n-1} & c_{-n-2} & \cdots & c_{-2n} \end{pmatrix} \begin{pmatrix} b_1 \\ b_2 \\ \vdots \\ b_n \end{pmatrix} = - \begin{pmatrix} c_{-1} \\ c_{-2} \\ \vdots \\ c_{-n} \end{pmatrix}$$

となる．

3.3.3　形式的直交多項式

Padé 近似の分母 $Q(z)$ の係数を求める条件は，$Q(z)f(z)$ を周回積分してその積分値が 0 となる条件になっていた．本節では $Q(z)$ を漸化式によって求める方法を示す．

2 つの多項式 $\psi(z)$ と $\varphi(z)$ に対して記号 $\langle \psi, \varphi \rangle$ を

$$\langle \psi, \varphi \rangle = \frac{1}{2\pi i} \int_\Gamma \psi(z) \varphi(z) f(z) dz$$

と定義する．これは積分の性質から線形で ψ と φ は交換可能である．

$$\langle \psi, \varphi \rangle = 0$$

のとき ψ と φ は**直交**(orthogonal) するという．

多項式 φ_j の次数が j であるような多項式の列 $\varphi_0(z), \varphi_1(z), \ldots$ について，

$$\langle \varphi_i, \varphi_j \rangle = 0, \quad i \neq j$$

となる多項式が一意に定まるとする．このような多項式は**形式的直交多項式**(formal orthogonal polynomial) とよばれる．ここで「形式的」とついているのは，$\langle \psi, \varphi \rangle$ が内積の条件をみたしていない場合であっても形式的に扱ってしまうためである．

このとき任意の j 次の多項式 $p(z)$ は $\varphi_0, \varphi_1, \ldots, \varphi_j$ の線形結合で一意に表すことができる.

$$p(z) = \gamma_0 \varphi_0 + \gamma_1 \varphi_1 + \cdots + \gamma_j \varphi_j$$

とおくと, $k > j$ のとき

$$\langle \varphi_k, p \rangle = \gamma_0 \langle \varphi_k, \varphi_0 \rangle + \cdots + \gamma_j \langle \varphi_k, \varphi_j \rangle = 0$$

である. このことから, φ_k は $k-1$ 次以下の任意の多項式と直交することがわかる.

ここで $\varphi_j, j = 0, 1, \ldots$ は定数項が 1 であるとし, φ_{k+1} を $\varphi_0, \ldots, \varphi_k$ と $z\varphi_k$ の線形結合で

$$\varphi_{k+1} = \xi_k z \varphi_k + \eta_k \varphi_k + \zeta_k \varphi_{k-1} + \sum_{j=0}^{k-2} \gamma_j \varphi_j \tag{3.7}$$

によって求めることにする. ここで ξ_k, η_k, ζ_k, および $\gamma_0, \ldots, \gamma_{k-2}$ は定数である.

φ_{k+1} と φ_0 の内積をとると

$$\langle \varphi_{k+1}, \varphi_0 \rangle = \gamma_0 \langle \varphi_0, \varphi_0 \rangle$$

となる. φ_{k+1} と φ_0 が直交するためには, $\gamma_0 = 0$ となる.

同様に, $\varphi_j, j = 1, \ldots, k-2$ と直交するために $\gamma_j = 0, j = 0, \ldots, k-2$ が得られる. 結局, φ_{k+1} を求める式は,

$$\varphi_{k+1} = \xi_k z \varphi_k + \eta_k \varphi_k + \zeta_k \varphi_{k-1} \tag{3.8}$$

と表される.

φ_{k+1} の定数項が 1 となるには, 上式で $z = 0$ とおいて

$$\eta_k + \zeta_k = 1$$

の関係が得られる. したがって, 式 (3.8) より, $\varphi_{-1} = 0$, $\varphi_0 = 1$ とおいて 3 項漸化式,

$$\varphi_{k+1} = \xi_k z \varphi_k + \varphi_k - \zeta_k(\varphi_k - \varphi_{k-1}), \quad k = 0, 1, \ldots \tag{3.9}$$

によって多項式の列 $\varphi_0, \varphi_1, \ldots$ が得られる.

このようにして得られた φ_m は

$$\langle z^k, \varphi_m \rangle = 0, \quad k = 0, 1, \ldots, m-1$$

をみたす. $\langle z^k, \varphi_m \rangle$ を積分で表すと

$$\frac{1}{2\pi i} \int_\Gamma z^k \varphi(z) f(z) dz = 0, \quad k = 0, 1, \ldots, m-1$$

となり, これは $f(z)$ に対する Padé 近似の分母のみたす条件と一致する.

式 (3.9) を次のように変形する.

$$\frac{(\varphi_{k+1} - \varphi_k)}{\xi_k z} = \varphi_k - \frac{\zeta_k \xi_{k-1}}{\xi_k} \frac{(\varphi_k - \varphi_{k-1})}{\xi_{k-1} z}. \tag{3.10}$$

φ_{k+1}, φ_k はともに定数項が 1 であるため, $\varphi_{k+1} - \varphi_k$ は z で割り切れる. したがって, $(\varphi_{k+1} - \varphi_k)/(\xi_k z)$ は多項式になる.

ここで, $\xi_k = -\alpha_k$, $-\zeta_k \xi_{k-1}/\xi_k = \beta_{k-1}$ とおき,

$$\psi_k = \frac{(\varphi_{k+1} - \varphi_k)}{-\alpha_k z}$$

と定義すると, 式 (3.10) から ψ_k に関する漸化式

$$\psi_k = \varphi_k + \beta_{k-1} \psi_{k-1} \tag{3.11}$$

が得られる. また, この ψ_k を用いると式 (3.8) から φ_{k+1} についての漸化式

$$\varphi_{k+1} = \varphi_k - \alpha_k z \psi_k \tag{3.12}$$

が得られる. このように φ_{k+1} と ψ_k による 2 項間の漸化式になる.

パラメータ α_k と β_k を求める. ψ_k と $\varphi_{k+1} = \varphi_k - \alpha_k z \psi_k$ の内積をとると,

$$0 = \langle \psi_k, \varphi_{k+1} \rangle = \langle \psi_k, \varphi_k \rangle - \alpha_k \langle \psi_k, z \psi_k \rangle$$

であることから,

$$\alpha_k = \frac{\langle \psi_k, \varphi_k \rangle}{\langle \psi_k, z\psi_k \rangle} \tag{3.13}$$

を得る.

また，$\langle \psi_{k+1}, z\psi_k \rangle = 0$ であることから式 (3.11) より

$$0 = \langle \psi_{k+1}, z\psi_k \rangle = \langle \varphi_{k+1}, z\psi_k \rangle + \beta_k \langle \psi_k, z\psi_k \rangle$$

となる．これより

$$\beta_k = -\frac{\langle \varphi_{k+1}, z\psi_k \rangle}{\langle \psi_k, z\psi_k \rangle} \tag{3.14}$$

を得る.

結局，初期多項式を $\varphi_0 = 1$, $\psi_0 = 1$ として，2 項漸化式 (3.11), (3.12) によって $\varphi_0, \varphi_1, \ldots$ が得られる．この漸化式は，第 5 章で共役勾配法の導出において用いる．

■■■ 線形予測と音声の特徴認識 ■■■

各点 x_j でデータ c_j が与えられるものとし，これらのデータの間には下図のように n 点の値の線形和でその次の点の値が決まる関係があるとする.

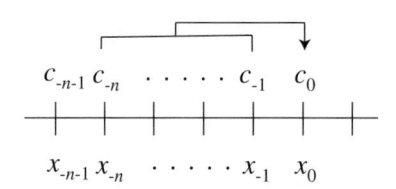

$$
\begin{array}{ccccccc}
c_{-n-1} & c_{-n} & \cdots\cdots & c_{-1} & c_0 \\
\hline
x_{-n-1} & x_{-n} & \cdots\cdots & x_{-1} & x_0
\end{array}
$$

このような条件は，線形和の係数を $-b_1, \ldots, -b_n$ とすると，次のような式で表される.

$$\begin{cases} c_{-1} = -b_1 c_{-2} - b_2 c_{-3} - \cdots - b_n c_{-n-1} \\ c_{-2} = -b_1 c_{-3} - b_2 c_{-4} - \cdots - b_n c_{-n-2} \\ \quad\quad\quad\quad\quad\quad \vdots \\ c_{-m} = -b_1 c_{-m-1} - b_2 c_{-m-2} - \cdots - b_n c_{-m-n} \end{cases}$$

このような関係は**線形予測モデル**とよばれる．

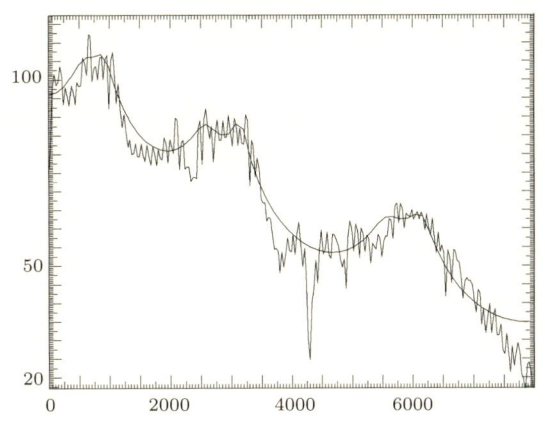

図 **3.15** 音声のスペクトル

多項式 $Q(z)$ を
$$Q(z) = 1 + b_1 z + \cdots + b_n z^n$$
とおき,
$$f(z) = c_{-1} z^{-1} + c_{-2} z^{-2} + \cdots$$
とおくと, $m = n$ のときには線形予測モデルの条件式は $Q(z)$ が $f(z)$ に対する無限遠点での Padé 近似になるようにしたときに現れる式と同じとなる.

係数の数 n よりもデータの数 m が大きいときには次章で示す最小二乗法で係数を求めることになる.

音声の特徴を調べるときに線形予測モデルが利用される. 音声の「あ」のサンプリングデータの一部に FFT をかけたものと線形予測によって求めた例を図 3.15 に示す. 横軸は周波数 (Hz), 縦軸は強度 (dB) を表す. 図中で変化の激しいグラフは FFT によって得られた結果で, なめらかなグラフは線形予測によって得られたものである.

第4章

最小二乗法

　補間多項式を求めるときには，補間条件として与えられた通過する点の数と未知数となる多項式の係数の数が一致していた．与えられた点が未知数の数よりも多いときにはすべての点を通過する多項式を求めることはできない．そのため，与えられた条件になるべく近い値をとる多項式を求めることになる．このような方法として最小二乗法がある．

4.1　最小二乗法

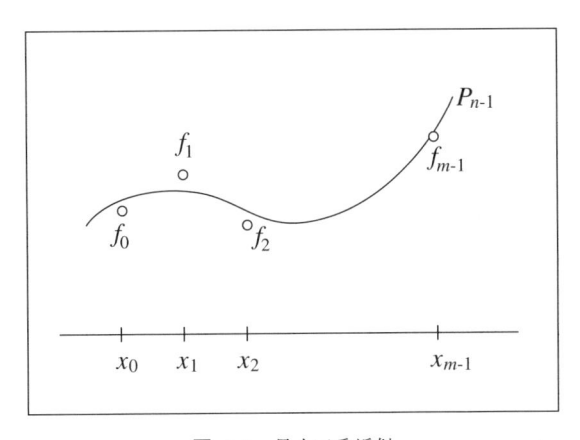

図 4.1　最小二乗近似

　相異なる m 個の点を $x_0, x_1, \ldots, x_{m-1}$ とし，その点での値を $f_0, f_1, \ldots, f_{m-1}$ とする．n は m より小さいとし，$n-1$ 次の多項式を $P_{n-1}(x)$ とする．$n < m$ より $P_{n-1}(x)$ はすべての点 $(x_j, f_j), j = 0, 1, \ldots, m-1$ を通るよ

うにはできない.そこで,なるべく近くを通るような $P_{n-1}(x)$ を求めることにする.

多項式補間のときと同様に,

$$A = \begin{pmatrix} 1 & x_0 & x_0^2 & \cdots & x_0^{n-1} \\ 1 & x_1 & x_1^2 & \cdots & x_1^{n-1} \\ \vdots & \vdots & \vdots & & \vdots \\ 1 & x_{m-1} & x_{m-1}^2 & \cdots & x_{m-1}^{n-1} \end{pmatrix},$$

$$\boldsymbol{f} = (f_0, f_1, \cdots, f_{m-1})^T,$$

および,

$$\boldsymbol{c} = (c_0, c_1, \cdots, c_{n-1})^T$$

とおく.このとき,一般には方程式 $A\boldsymbol{c} = \boldsymbol{f}$ は解を持たず,

$$P_{n-1}(x_j) = f_j, \quad j = 0, 1, \ldots, m-1$$

をみたす補間多項式を求めることはできない.

最小二乗近似は次のような値を最小にする多項式を求める.

$$s = \sum_{j=0}^{m-1} (f_j - P_{n-1}(x_j))^2 = \sum_{j=0}^{m-1} \left(f_j - \sum_{k=0}^{n-1} c_k x_j^k \right)^2.$$

MATLAB の関数 `polyfit` では,補間多項式の次数を低く指定すると最小二乗近似によって求める.次の例では多項式の次数を $2(n=3)$ としている.結果を図 4.2 に示す.

```
>> n = 3;
>> x = [0 0.5 1 1.5 2 2.5 3];
>> f = exp(-x).*sin(x);
>> p = polyfit(x, f, n - 1);
>> xi = -0.2:0.1:3.5;
>> plot(xi, polyval(p, xi), '-', x, f, 'o');
```

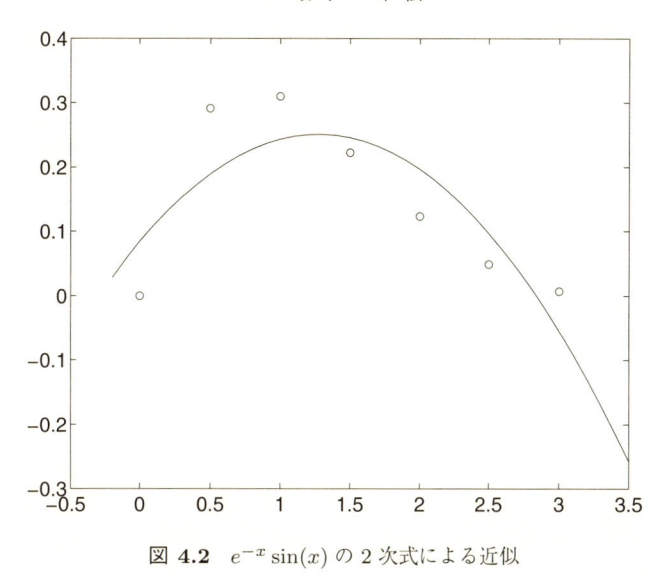

図 4.2 $e^{-x}\sin(x)$ の 2 次式による近似

MATLAB や Scilab では連立一次方程式の解を求めるときと同様に記号 \ を用いると，行列 A が正方行列でないときには最小二乗近似を行って解を求める．次の例では，行列 A は 7 行 3 列で，解は最小二乗解となる．

―――――――――――――――――――――MATLAB & Scilab―
```
>> n = 3;
>> x = [0 0.5 1 1.5 2 2.5 3];
>> f = exp(-x).*sin(x);
>> m = length(x);
>> A = zeros(m,n);
>> for j = 1:n
       A(:,j) = (x').^(j-1);
   end
>> c = A\(f')
c =
    0.0845
    0.2612
   -0.1025
```

$m = 3$, $n = 2$ のとき，2つのベクトル Ac と f の関係について考える．行列 A の列ベクトルを a_1, a_2 として，

$$A = \begin{pmatrix} 1 & x_0 \\ 1 & x_1 \\ 1 & x_2 \end{pmatrix} = (a_1, a_2)$$

とする．また，

$$f = (f_0, f_1, f_2)^T$$

および

$$c = (c_0, c_1)^T$$

とおく．

このとき，$y = Ac$ とおくと，

$$y = Ac = c_0 a_1 + c_1 a_2$$

と表される．ベクトル $y = Ac$ は図 4.3 のようにベクトル a_1, a_2 の張る平面上にある．f がこの平面上にないときには $f = y$ とすることはできない．

そこで f と $y = Ac$ の距離が最小になるような y を求める．$r = f - Ac$ は残差とよばれる．図 4.4 に示すように r が a_1, および a_2 と直交するときに距離が最小になる．これを式で表すと，

$$\begin{cases} a_1^T(f - Ac) = 0 \\ a_2^T(f - Ac) = 0 \end{cases}$$

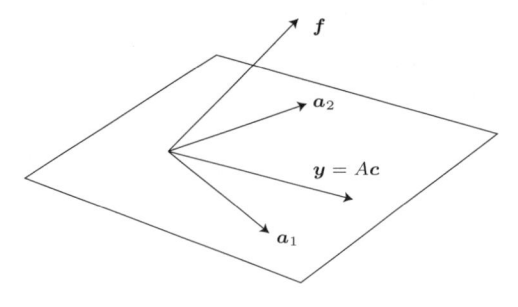

図 4.3　a_1, a_2 の張る平面と f

となる. これは
$$\begin{pmatrix} \boldsymbol{a}_1^T \\ \boldsymbol{a}_2^T \end{pmatrix} \boldsymbol{f} - \begin{pmatrix} \boldsymbol{a}_1^T \\ \boldsymbol{a}_2^T \end{pmatrix} A\boldsymbol{c} = 0$$
と表せる.
$$\begin{pmatrix} \boldsymbol{a}_1^T \\ \boldsymbol{a}_2^T \end{pmatrix} = A^T$$
であることから, 結局,
$$A^T A\boldsymbol{c} = A^T \boldsymbol{f}$$
となる. この方程式は**正規方程式**とよばれている.

一方, 各データについて誤差の分散 $\sigma_j, j = 0, \ldots, m-1$ を与えて,
$$s = \frac{\sum_{j=0}^{m-1}(f_j - P_{n-1}(x_j))^2}{\sigma_j^2}$$
を最小にする問題では,
$$D = \mathrm{diag}\,(\sigma_0^{-1}, \ldots, \sigma_{m-1}^{-1})$$
とおくと, 正規方程式は
$$A^T D^2 A\boldsymbol{c} = A^T D\boldsymbol{f}$$
と表される.

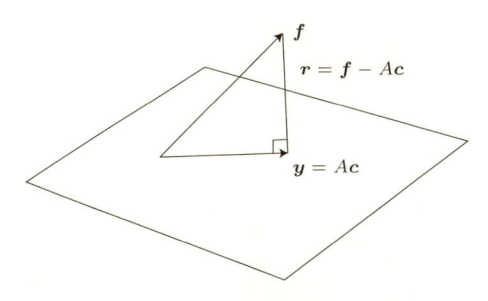

図 4.4　$\boldsymbol{f}$ と $\boldsymbol{y}$ の距離が最小のとき

4.2 QR 分 解

正方行列 Q が
$$Q^T Q = QQ^T = I$$
をみたすとき**直交行列**(orthogonal matrix) という．ここで I は Q と同じ大きさの単位行列とする．

行列 A は m 行 n 列で，$m > n$ とする．m 次の行列 Q は直交行列とする．R を m 行 n 列でその要素 r_{ij} は $i > j$ のとき $r_{ij} = 0$ であるとする．このような行列は**上三角行列**(upper triangular matrix) とよばれる．A を
$$A = QR$$
に分解したとき，この分解を **QR 分解**(QR decomposition) とよぶ．

このとき，
$$A^T A \bm{c} = (QR)^T QR\bm{c} = R^T Q^T QR\bm{c} = R^T R\bm{c}$$
および
$$A^T \bm{f} = R^T Q^T \bm{f}$$
となる．

Q の n 列までを Q_1 とし，
$$Q = (Q_1, Q_2)$$
と分ける．R の n 行までを R_1 とすると
$$R = \begin{pmatrix} R_1 \\ \bm{0} \end{pmatrix}$$
と表される．これを用いると
$$R^T R\bm{c} = (R_1^T, \bm{0}) \begin{pmatrix} R_1 \\ \bm{0} \end{pmatrix} \bm{c} = R_1^T R_1 \bm{c}$$

4.2 QR 分解

および

$$R^T Q^T \boldsymbol{f} = (R_1^T, \boldsymbol{0}) \begin{pmatrix} Q_1^T \\ Q_2^T \end{pmatrix} \boldsymbol{f} = R_1^T Q_1^T \boldsymbol{f}$$

となる．

このことから，R_1 が正則のとき正規方程式 $A^T A \boldsymbol{c} = A^T \boldsymbol{f}$ は

$$R_1 \boldsymbol{c} = Q_1^T \boldsymbol{f}$$

となる．これは係数行列が R_1 で右辺ベクトルが $Q_1^T \boldsymbol{f}$ の連立一次方程式になる．係数行列を $A^T A$ とするときと比べて R_1 としたときは誤差の影響を受けにくいことが知られている．

MATLAB と Scilab では QR 分解を求める関数が用意されている．$x_0, \ldots, x_4$ と $f_0, \ldots, f_4$ が次のように与えられたとき，$n = 3$ として QR 分解を用いて最小二乗近似を求めてみる．

i	0	1	2	3	4
x_i	1.2	1.4	1.6	1.8	2.0
f_i	1.6	1.6	1.4	2.3	2.6

QR 分解を行う関数は `qr` である．

―――――――――――――――――――――MATLAB & Scilab―
```
>> x = [1.2 1.4 1.6 1.8 2.0].'
>> f = [1.6; 1.6; 1.4; 2.3; 2.6];
>> A = [x.^0 x.^1 x.^2]
A =
    1.0000    1.2000    1.4400
    1.0000    1.4000    1.9600
    1.0000    1.6000    2.5600
    1.0000    1.8000    3.2400
    1.0000    2.0000    4.0000
>> [Q,R] = qr(A);
```

QR分解によって得られた行列の第1列から第3列を Q_1 とする．また，R_1 は 3×3 の行列とする．$R_1 c = Q_1^T f$ を解いて多項式の係数 c を得る．

```
────────────────────────────────MATLAB & Scilab─
>> Q1 = Q(:,1:3)
Q1 =
   -0.4472   -0.6325    0.5345
   -0.4472   -0.3162   -0.2673
   -0.4472    0.0000   -0.5345
   -0.4472    0.3162   -0.2673
   -0.4472    0.6325    0.5345
>> R1 = R(1:3,1:3)
R1 =
   -2.2361   -3.5777   -5.9032
         0    0.6325    2.0239
         0         0    0.1497
>> R1\(Q1'*f)
ans =
    7.2686
   -8.3643
    3.0357
```

Q2 や R2 が必要ないときには，qr(A,0)（Scilab では qr(A,'e')）を用いる．

行列 A，および Q_1 を
$$A = (a_1, a_2, \ldots, a_n),$$
$$Q_1 = (q_1, q_2, \ldots, q_n)$$
とする．A を QR 分解したとき，$S = R_1^{-1}$ とおくと $Q_1 = AS$ と表せることから，以下のようになる．

$$(q_1, q_2, \ldots, q_n) = (a_1, a_2, \ldots, a_n)\begin{pmatrix} s_{11} & s_{12} & \cdots & s_{1n} \\ 0 & s_{22} & \cdots & s_{2n} \\ \vdots & \vdots & & \vdots \\ 0 & 0 & \cdots & s_{nn} \end{pmatrix}$$

図 **4.5** 最小二乗近似の例

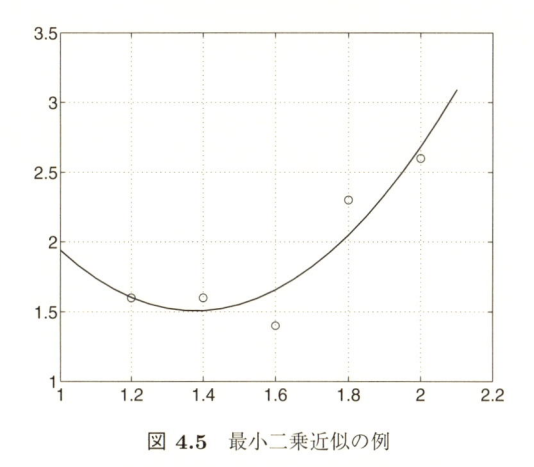

これは

$$q_1 = s_{11}a_1$$
$$q_2 = s_{12}a_1 + s_{22}a_2$$
$$\vdots$$
$$q_n = s_{1n}a_1 + \cdots + s_{nn}a_n$$

と表せる. q_1 は a_1 の定数倍であり, q_2 は a_1 と a_2 の線形結合で q_1 に直交するベクトルになる. このように, 順に直交するベクトルを生成していくと Q を求めることができる. これより A の列ベクトル $a_1, \ldots, a_n$ が基底をなすとき, $q_1, \ldots, q_n$ が存在することがわかる.

4.3　Householder 変換

ここでは, **Householder 変換**(Householder transformation) によって行列 A の QR 分解を求める方法を示す.

ベクトル u, $\|u\|_2 = \sqrt{2}$ で定義される行列

$$H(u) = I - uu^T$$

を Householder 行列とよび, これによる変換を Householder 変換という.

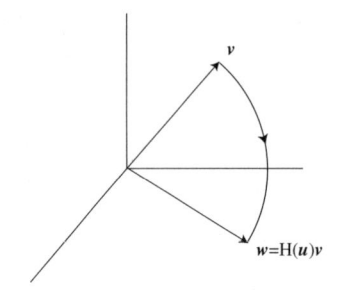

図 4.6 ベクトルの Householder 変換

$H(\boldsymbol{u})$ は対称で，$H(\boldsymbol{u})^T H(\boldsymbol{u}) = I$ より直交行列である．行列 A に対する Householder 変換により上三角行列に変形する．

2 つのベクトル $\boldsymbol{v}$ と $\boldsymbol{w}$ は $\|\boldsymbol{v}\|_2 = \|\boldsymbol{w}\|_2$ とする．

$$\boldsymbol{u} = \frac{\sqrt{2}}{\|\boldsymbol{v}-\boldsymbol{w}\|_2}(\boldsymbol{v}-\boldsymbol{w})$$

とおくと，

$$\boldsymbol{w} = H(\boldsymbol{u})\boldsymbol{v}$$

となる．この性質を利用して，

$$\boldsymbol{w} = (d, 0, \cdots, 0)^T, \quad d = \pm\|\boldsymbol{v}\|_2$$

となるようにする．

$\boldsymbol{v}$ として $\boldsymbol{a}_1$ を選び，

$$H(\boldsymbol{u})A = (H(\boldsymbol{u})\boldsymbol{a}_1, H(\boldsymbol{u})\boldsymbol{a}_2, \cdots, H(\boldsymbol{u})\boldsymbol{a}_m)$$

を計算すると，第 1 列は次のようになる．

$$H(\boldsymbol{u})\boldsymbol{a}_1 = (d, 0, \cdots, 0)^T$$

d の符号は $\boldsymbol{v}$ の第 1 要素を v_1 としたとき，$v_1 - d$ の計算の桁落ちを防ぐために，

$$d = \begin{cases} -\|\boldsymbol{v}\|_2 & v_1 \geq 0 \\ \|\boldsymbol{v}\|_2 & v_1 < 0 \end{cases}$$

とする.

次の例では,
$$A = \begin{pmatrix} 1 & 2 \\ -1 & 2 \\ 3 & 1 \end{pmatrix}$$

に対して Householder 変換を行い, A の第 1 列を単位ベクトル $(d, 0, 0)^T$ にしている. H*A の第 1 列は第 2 行と 3 行の要素が 0 になっている.

―――――――――――――――――――――――MATLAB & Scilab―

```
>> A = [1 2; -1 2; 3 1]
A =
     1     2
    -1     2
     3     1
>> v = A(:,1);
>> w = -sign(v(1))*eye(3,1)*norm(v,2)
w =
   -3.3166
         0
         0
>> u = sqrt(2)*(v - w)/norm(v - w,2);
>> H = eye(3) - u*u';
>>  H*v
ans =
   -3.3166
    0.0000
   -0.0000
>> H*A
ans =
   -3.3166   -0.9045
    0.0000    2.6729
   -0.0000   -1.0186
```

この変換では，Householder 行列はベクトル u で表すことができる．また，

$$H(u)x = (I - uu^T)x = x - u(u^T x)$$

であるので，あらかじめ Househoder 行列を生成してから行列とベクトルの積の計算をする必要はない．

─────────────────────────────── MATLAB & Scilab ───
```
>> A = [1 2; -1 2; 3 1]; v = A(:,1);
>> w = -sign(v(1))*eye(3,1)*norm(v,2);
>> u = sqrt(2)*(v - w)/norm(v - w,2);
>> v - u*(u'*v)
ans =
   -3.3166
    0.0000
   -0.0000
```

いま，行列 $A^{(k)}$ は

$$A^{(k)}$$

×	⋯	⋯	⋯	×
0	×	⋯	⋯	×
0	0	×	⋯	×
0	0	×	⋯	×
⋮	⋮	⋮		⋮
0	0	×	⋯	×

のように第 $k-1$ 列目まで対角要素より下が 0 になっているものとする．

$A^{(k)}$ を $k-1 \times k-1$，$k-1 \times n-k+1$，$m-k+1 \times n-k+1$ の行列 $R^{(k)}$，$V^{(k)}$，$W^{(k)}$ によって

4.3 Householder 変換

と表す.

$$A^{(k)} = \begin{pmatrix} R^{(k)} & V^{(k)} \\ \mathbf{0} & W^{(k)} \end{pmatrix}$$

$$H^{(k)} = \begin{pmatrix} I_{k-1} & 0 \\ 0 & H(\boldsymbol{u}^{(k)}) \end{pmatrix}$$

とおき，$A^{(k+1)} = H^{(k)} A^{(k)}$ とする．ここで I_{k-1} は $k-1 \times k-1$ の単位行列である．このとき，

$$A^{(k+1)} = H^{(k)} A^{(k)} = \begin{pmatrix} R^{(k)} & V^{(k)} \\ 0 & H(\boldsymbol{u}^{(k)}) \cdot W^{(k)} \end{pmatrix}$$

となる.

ここで，

$$H(\boldsymbol{u}^{(k)}) \cdot W^{(k)}$$

の第 1 列が 2 行目以降の要素が 0 になるように $H(\boldsymbol{u}^{(k)})$ を選ぶと，$A^{(k+1)}$ は第 k 列目まで対角要素より下が 0 となる．

$A^{(k+1)}$

×	⋯	⋯	⋯	⋯	×
0	×	⋯	⋯	⋯	×
0	0	×	⋯	⋯	×
0	0	0	×	⋯	×
⋮	⋮	⋮	⋮		⋮
0	0	0	×	⋯	×

$A^{(1)} = A$ とし，このような変換を繰り返し適用して $A^{(2)}, A^{(3)}, \ldots, A^{(n+1)}$ を求めると，

$$A^{(k+1)} = H^{(k)} H^{(k-1)} \cdots H^{(1)} A$$

と表せ，$A^{(k+1)}$ は上三角行列になる．これを R とおき，$U = H^{(k)} H^{(k-1)} \cdots H^{(1)}$ とおくと，

$$R = UA$$

となる．$Q = U^T$ とおくと $A = QR$ となり，QR 分解が得られる．

第5章

連立一次方程式の解法

多項式補間や Padé 近似の条件式は連立一次方程式に帰着していた．数値シミュレーションなどでも連立一次方程式に帰着する問題は多い．本章では，連立一次方程式の解法について述べる．

5.1 直接法

5.1.1 LU 分解と Cholesky 分解

未知数 $x_1, x_2, \ldots, x_n$ に関する連立一次方程式を

$$\begin{cases} a_{11}x_1 + a_{12}x_2 + \cdots + a_{1n}x_n = b_1 \\ a_{21}x_1 + a_{22}x_2 + \cdots + a_{2n}x_n = b_2 \\ \quad\quad\quad\quad\quad\quad \vdots \\ a_{n1}x_1 + a_{n2}x_2 + \cdots + a_{nn}x_n = b_n \end{cases} \quad (5.1)$$

とする．

行列 A を

$$A = \begin{pmatrix} a_{11} & a_{12} & \cdots & a_{1n} \\ a_{21} & a_{22} & \cdots & a_{2n} \\ \vdots & \vdots & & \vdots \\ a_{n1} & a_{n2} & \cdots & a_{nn} \end{pmatrix}$$

とし，ベクトル $\boldsymbol{b}$ とベクトル $\boldsymbol{x}$ をそれぞれ，

$$\boldsymbol{b} = (b_1, b_2, \cdots, b_n)^T,$$

および

$$\boldsymbol{x} = (x_1, x_2, \cdots, x_n)^T$$

とおくと，式 (5.1) は

$$A\boldsymbol{x} = \boldsymbol{b}$$

と表される．

この方程式を解くために，行列 A を 2 つの行列 L と U の積，

$$A = LU$$

に分解する．この分解を **LU 分解**(LU decomposition) という．ここで L は対角要素がすべて 1 で対角要素より上の要素がすべて 0 の下三角行列であり，U は対角要素より下の要素がすべて 0 の上三角行列である．この分解に要する計算量は約 $n^3/3$ である．

行列 A が $A = A^T$ のとき，**対称行列**(symmetric matrix) という．A が実対称のときは $U = L^T$ となり，

$$A = LL^T$$

と分解する．これは **Cholesky 分解**(Cholesky decomposition) とよばれる．**修正 Cholesky 分解**(modified Cholesky decomposition) は，対角行列 D を用いて

$$A = LDL^T$$

と分解する．この分解に要する計算量は約 $n^3/6$ で LU 分解の半分になる．

行列 A が任意のベクトル $\boldsymbol{x} \neq \boldsymbol{0}$ に対して

$$\boldsymbol{x}^T A \boldsymbol{x} > 0$$

のとき，**正定値**(positive definite) という．A が正定値で実対称のとき D の対角要素はすべて正で，分解 $A = LDL^T$ が存在する．

行列 A を LU 分解すると，連立一次方程式は

$$LU\boldsymbol{x} = \boldsymbol{b}$$

と表される．$\boldsymbol{y} = U\boldsymbol{x}$ とおくと上式は

$$Ly = b$$

となる．この方程式をまず y について解く．次に

$$Ux = y$$

を解くことで解 x が得られる．これらの計算はそれぞれ，**前進代入**(forward substitution)，**後退代入**(back substitution) とよばれる．

後で例で示すように，これらの計算では係数行列が下三角や上三角であるために方程式を解く手間は LU 分解と比べると少ない．

MATLAB と Scilab では，連立一次方程式の解は記号 \ を用いて求めることができる．次の例は

$$A = \begin{pmatrix} 2 & 1 & 1 \\ 1 & 5 & -1 \\ -1 & 1 & -3 \end{pmatrix}, \quad b = \begin{pmatrix} 4 \\ 5 \\ -3 \end{pmatrix}$$

のときに解 $x = (1, 1, 1)^T$ を求めている．

―――――――――――――――――――――――MATLAB & Scilab―

```
>> A = [2 1 1; 1 5 -1; -1 1 -3]
A =
     2     1     1
     1     5    -1
    -1     1    -3
>> b = [4; 5; -3]
b =
     4
     5
    -3
>> x = A\b
x =
     1
     1
     1
```

A の LU 分解を求める関数 lu は以下のように用いる．L と U を求めた後，前進代入と後退代入を行って解を求めている．

```
                                              ─MATLAB & Scilab─
>> A = [2 1 1; 1 5 -1; -1 1 -3];   b = [4; 5; -3];
>> [L,U] = lu(A)
L =
     1.0000         0         0
     0.5000    1.0000         0
    -0.5000    0.3333    1.0000
U =
     2.0000    1.0000    1.0000
          0    4.5000   -1.5000
          0         0   -2.0000
>> y = L\b
y =
     4
     3
    -2
>> x = U\y
x =
     1
     1
     1
```

LU 分解では，計算の途中で誤差の影響をできるだけ少なくするために行の入れ替えを行うことがある．[L, U, P] = lu(A) とすることで，L, U に加えてどの行の入れ替えが起こったかを示す行列 P が得られる．

得られた L と U を用いて解を求めるときには，まず右辺ベクトルに P をかけて要素の入れ替えを行った後に前進代入，後退代入を行う．

行列 A が

$$A = \begin{pmatrix} 1 & 5 & -1 \\ 2 & 1 & 1 \\ -1 & 1 & -3 \end{pmatrix}$$

のときには途中で入れ替えが起こる．次の例ではこの A に対して L, U, P を求めている．

―MATLAB & Scilab―
```
>> A = [1 5 -1; 2 1 1; -1 1 -3]; b = [5; 4; -3];
>> [L,U,P] = lu(A)
L =
    1.0000         0         0
    0.5000    1.0000         0
   -0.5000    0.3333    1.0000
U =
    2.0000    1.0000    1.0000
         0    4.5000   -1.5000
         0         0   -2.0000
P =
     0     1     0
     1     0     0
     0     0     1
>> y = L\(P*b)
y =
     4
     3
    -2
>> x = U\y
x =
     1
     1
     1
```

行列 A の次元がある程度大きくなると，LU 分解の計算量が前進代入，後

退代入と比べて大きくなる．そのため，同じ行列 A で右辺ベクトルが複数与えられる問題では，LU 分解は 1 度だけ行っておき，前進代入と後退代入をそれぞれの右辺ベクトルに対して適用する．

行列 A が

$$A = \begin{pmatrix} 2 & 1 & -1 \\ 1 & 5 & 1 \\ -1 & 1 & 3 \end{pmatrix}$$

のときには対称であるため，Cholesky 分解を用いる．Cholesky 分解を用いる関数 `chol` を用いた例を示す．この場合には $U = L^T$ であり，U のみが得られる．

───────────── MATLAB & Scilab ─────────────
```
>> A = [2 1 -1; 1 5 1; -1 1 3];  b = [2; 7; 3];
>> [U] =chol(A)
U =
    1.4142    0.7071   -0.7071
         0    2.1213    0.7071
         0         0    1.4142
>> y = U'\b
y =
    1.4142
    2.8284
    1.4142
>> x = U\y
x =
    1
    1
    1
```

5.1.2 消　去　法

方程式 (5.1) において，1 つの方程式にある数をかけたものを他の方程式に加えて未知数を消去する操作は，行列 A では 1 つの行にある数をかけたも

のを他の行に加えて要素を 0 にする操作に対応する．

この消去の過程を順に見てみよう．行列 $P_{ij}(\alpha)$ を

$$P_{ij}(\alpha) = I + \alpha \boldsymbol{e}_i \boldsymbol{e}_j^T$$

とおく．ここで I は $n \times n$ の単位行列，$\boldsymbol{e}_i$ は i 番目の要素だけが 1 で他は 0 の単位ベクトルを表す．このとき

$$P_{ij}(\alpha) A = A + \alpha \boldsymbol{e}_i \boldsymbol{e}_j^T A$$

は A の第 j 行に α をかけて第 i 行に加えたものになる．

$P_{ij}(\alpha)$ について次の性質がある．

$$P_{ij}^{-1}(\alpha) = P_{ij}(-\alpha) = I - \alpha \boldsymbol{e}_i \boldsymbol{e}_j^T,$$

$$P_{i'j}(\alpha') P_{ij}(\alpha) = I + (\alpha \boldsymbol{e}_i + \alpha' \boldsymbol{e}_{i'}) \boldsymbol{e}_j^T.$$

このような行列 $P_{ij}(\alpha)$ をかけることによって行列 A の階数は変化しない．

行列 A が

$$A = \begin{pmatrix} 2 & 1 & 1 \\ 1 & 2 & -1 \\ -1 & 1 & -1 \end{pmatrix}$$

の場合を例にして消去過程を示す．

$(2,1)$ 要素を消去するには $P_{21}(-1/2)$ を A に左からかける．さらに $(3,1)$ 要素の消去では $P_{31}(1/2)$ をかける．これを

$$M^{(1)} = P_{31}\left(\frac{1}{2}\right) P_{21}\left(-\frac{1}{2}\right)$$

とおき，第 1 列の消去が終わった行列を

$$A^{(1)} = P_{31}\left(\frac{1}{2}\right) P_{21}\left(-\frac{1}{2}\right) A = M^{(1)} A$$

とおく．

同様に，第 2 列の消去を行う行列を $M^{(2)}$ とし，消去の終わった行列を

$$A^{(2)} = M^{(2)}A^{(1)} = M^{(2)}M^{(1)}A$$

とする．このとき $A^{(2)}$ は上三角行列になっている．

実際に計算をして結果を確かめるために，行列 $P_{ij}(\alpha)$ を与える関数を次のように定義する．ファイル名を MATLAB では `P.m`, Scilab では `P.sci` として保存しておく．この関数では，i, j, α と行列の次元 n を引数として与える．

```
─────────────────────────────────MATLAB & Scilab─
function M = P(i,j,alpha,n)
   I = eye(n,n);
   M = I + alpha*I(:,i)*I(:,j)';
```

行列 A の $(2,1)$ 要素を消去するために $P_{21}(-1/2)$ を A に左からかける．

```
─────────────────────────────────MATLAB & Scilab─
>> n = 3;
>> A = [2 1 1; 1 2 -1; -1 1 -1]
A =
     2     1     1
     1     2    -1
    -1     1    -1
>> P(2,1,-1/2,n)
ans =
    1.0000         0         0
   -0.5000    1.0000         0
         0         0    1.0000
>> P(2,1,-1/2,n)*A
ans =
    2.0000    1.0000    1.0000
         0    1.5000   -1.5000
   -1.0000    1.0000   -1.0000
```

$P_{21}(-1/2)$ は $(2,1)$ 要素に $-1/2$ が入っている．一般に $P_{ij}(\alpha)$ は単位行列

I の i,j 要素に α を加えたものになる．

次に $(3,1)$ 要素を消去する．

―――MATLAB & Scilab―――
```
>> P(3,1,1/2,n)
ans =
    1.0000         0         0
         0    1.0000         0
    0.5000         0    1.0000
>> M1 = P(3,1,1/2,n)*P(2,1,-1/2,n)
M1 =
    1.0000         0         0
   -0.5000    1.0000         0
    0.5000         0    1.0000
>> M1*A
ans =
    2.0000    1.0000    1.0000
         0    1.5000   -1.5000
         0    1.5000   -0.5000
```

このように $M^{(1)}$ は消去した要素の位置に消去に用いた α の値が並んでいる．

第 2 列の消去は次のようになる．

―――MATLAB & Scilab―――
```
>> M2 = P(3,2,-1,n)
M2 =
    1    0    0
    0    1    0
    0   -1    1
>> A2 = M2*A1
A2 =
    2.0000    1.0000    1.0000
         0    1.5000   -1.5000
         0         0    1.0000
```

ここで $U = M^{(2)}M^{(1)}A$ とおき,$L = (M^{(2)}M^{(1)})^{-1}$ とおくと,

$$A = (M^{(1)})^{-1}(M^{(2)})^{-1}U = LU$$

と表される.

$(M^{(1)})^{-1}$,$(M^{(2)})^{-1}$ はそれぞれ次のようになる.

―MATLAB & Scilab―
```
>> inv(M1)
ans =
    1.0000         0         0
    0.5000    1.0000         0
   -0.5000         0    1.0000
>> inv(M2)
ans =
    1    0    0
    0    1    0
    0    1    1
```

また,U,L を求めてみると次のようになる.

―MATLAB & Scilab―
```
>> U = M2*M1*A
U =
    2.0000    1.0000    1.0000
         0    1.5000   -1.5000
         0         0    1.0000
>> L = inv(M1)*inv(M2)
L =
    1.0000         0         0
    0.5000    1.0000         0
   -0.5000    1.0000    1.0000
```

実際に LU 分解を行うときには，行列 $P_{ij}(\alpha)$ を A にかけるような計算は行わず，行どうしの消去の計算を行う．また，L の計算でも $(M^{(1)})^{-1}$ などの逆行列を計算することはしない．

行列 A が n 次のときの乗除算回数をみつもる．$P_{ij}(\alpha)$ をかけることに対応した消去操作は，α の計算で除算が 1 回，消去で乗算が $n-j$ 回必要で，あわせて $n-j+1$ 回となる．これを $j=1$ から $n-1$ まで行うと乗除算回数は

$$\sum_{j=1}^{n-1}(n-j+1)(n-j) \approx \frac{n^3}{3}$$

となる．

5.1.3　前進代入と後退代入

$L\boldsymbol{y} = \boldsymbol{b}$ より

$$\begin{cases} y_1 = b_1 \\ \frac{1}{2}y_1 + y_2 = b_2 \\ -\frac{1}{2}y_1 + y_2 + y_3 = b_3 \end{cases}$$

の関係があるため，

$$\begin{cases} y_1 = b_1 \\ y_2 = b_2 - \frac{1}{2}y_1 \\ y_3 = b_3 + \frac{1}{2}y_1 - y_2 \end{cases}$$

によって y_1, y_2, y_3 が順に求められる．

同様に $U\boldsymbol{x} = \boldsymbol{y}$ から

$$\begin{cases} x_3 = y_3 \\ x_2 = \left(y_2 + \frac{3}{2}x_3\right) / \left(\frac{3}{2}\right) \\ x_1 = (y_1 - x_2 - x_3)/2 \end{cases}$$

のように x_3, x_2, x_1 の順で求められる．

一般に行列の次元が n のとき，方程式

$$L\boldsymbol{y} = \boldsymbol{b}$$

の解 $\boldsymbol{y} = (y_1, \ldots, y_n)^T$ は，$i = 1, 2, \ldots, n$ について

$$y_i = \left(b_i - \sum_{j=1}^{i-1} l_{ij} y_j \right)$$

によって求められる.

また,方程式

$$U\boldsymbol{x} = \boldsymbol{y}$$

の解 $\boldsymbol{x} = (x_1, \ldots, x_n)^T$ は, $i = n, n-1, \ldots, 1$ について

$$x_i = \left(y_i - \sum_{j=i+1}^{n} u_{ij} x_j \right) \times \frac{1}{u_{ii}}$$

によって求められる.

この後退代入の計算では,乗除算回数は

$$\sum_{i=1}^{n} n - i + 1 = \frac{n(n+1)}{2}$$

であり,前進代入をあわせると n^2 回になる.したがって, n が大きいときには LU 分解の計算量が前進代入や後退代入よりもかなり大きくなり,全体の計算量はほぼ $n^3/3$ とみなせる.

5.1.4 軸 選 択

消去過程において対角要素に 0 が現れると,その行を用いて他の行の要素を 0 にすることができなくなる.このような場合には 0 でない要素が現れる行と入れ替えをする.また,0 でなくても値が小さい場合には計算の誤差が大きくなってしまうため,できるだけ大きな値が対角要素にくるように入れ替えを行う.

A を

$$A = \begin{pmatrix} 0 & 1 & 1 \\ 3 & 2 & -1 \\ 1 & 1 & -1 \end{pmatrix}$$

とする. $(1,1)$ 要素が 0 であるため,第 1 行を用いて $(2,1)$ 要素を消去することができない.

そこで第 1 行と第 2 行の入れ替えをする. 行列 P を

$$P = \begin{pmatrix} 0 & 1 & 0 \\ 1 & 0 & 0 \\ 0 & 0 & 1 \end{pmatrix}$$

とおくと,

$$PA = \begin{pmatrix} 3 & 2 & -1 \\ 0 & 1 & 1 \\ 1 & 1 & -1 \end{pmatrix}$$

となり, これは A の第 1 行と第 2 行を入れ替えたものになっている. 同じ入れ替えを 2 回行うともとに戻ることから,

$$P^2 = I$$

であり, $P^{-1} = P$ であることが確かめられる.

第 i 行と第 j 行の入れ替えを行う操作は次のような行列 P_{ij} によって, $P_{ij}A$ と表される.

$$P_{ij} = \begin{pmatrix} 1 & & & & & & & & & \\ & \ddots & & & & & & & & \\ & & 1 & & & & & & & \\ & & & 0 & & & 1 & & & \\ & & & & 1 & & & & & \\ & & & & & \ddots & & & & \\ & & & & & & 1 & & & \\ & & & 1 & & & 0 & & & \\ & & & & & & & 1 & & \\ & & & & & & & & \ddots & \\ & & & & & & & & & 1 \end{pmatrix} \begin{matrix} \\ \\ \\ (i) \\ \\ \\ \\ (j) \\ \\ \\ \end{matrix}$$

第 i 行を用いて第 $i+1$ 行以降の要素の消去を行う前に行の入れ替えを行うとき, その行列を $P^{(i)}$ と表すことにする.

軸選択を行いながら消去を行うと

$$M^{(n-1)}P^{(n-1)}\cdots M^{(1)}P^{(1)}A = U$$

と表される．ここで

$$\tilde{M}^{(k)} = P^{(n-1)}\cdots P^{(k+1)}M^{(k)}P^{(k+1)}\cdots P^{(n-1)}$$

とおくと，$P^{(j)}P^{(j)} = I$ の関係があることから，

$$\tilde{M}^{(n-1)}\tilde{M}^{(n-2)} = M^{(n-1)}P^{(n-1)}M^{(n-2)}P^{(n-1)}$$

となる．また，

$$\tilde{M}^{(n-1)}\tilde{M}^{(n-2)}\tilde{M}^{(n-3)}$$
$$= M^{(n-1)}P^{(n-1)}M^{(n-2)}P^{(n-2)}M^{(n-3)}P^{(n-2)}P^{(n-1)}$$

のようになる．同様にして，

$$\tilde{M}^{(n-1)}\cdots\tilde{M}^{(1)}$$
$$= M^{(n-1)}P^{(n-1)}M^{(n-2)}\cdots M^{(1)}P^{(2)}\cdots P^{(n-1)}$$

を得る．これより

$$U = \tilde{M}^{(n-1)}\cdots\tilde{M}^{(1)}P^{(n-1)}\cdots P^{(1)}A$$

となることが確かめられる．

$$P = P^{(n-1)}\cdots P^{(1)}$$

および

$$L = (\tilde{M}^{(n-1)}\tilde{M}^{(n-2)}\cdots\tilde{M}^{(1)})^{-1}$$

とおくと，結局

$$PA = LU$$

を得る．

方程式 $A\boldsymbol{x} = \boldsymbol{b}$ は

$$PA\boldsymbol{x} = LU\boldsymbol{x} = P\boldsymbol{b}$$

となり，右辺ベクトルに対して入れ替えを行ったベクトルに対して，L と U を用いて前進代入，後退代入を行う．

5.2 誤差の伝搬

5.2.1 行列の条件数

連立一次方程式

$$A\bm{x} = \bm{b}$$

において，係数や右辺ベクトル $\bm{b}$ への誤差の混入が計算結果にどの程度の影響を与えるかを考える．

ベクトルの大きさを表すために次に示すようなベクトルノルムを用いる．ベクトルノルムには

$$\|\bm{x}\|_1 = \sum_{j=1}^n |x_j|,$$

$$\|\bm{x}\|_2 = \sqrt{\sum_{j=1}^n |x_j|^2} = \sqrt{\bm{x}^T \bm{x}},$$

$$\|\bm{x}\|_\infty = \max_{1 \leq j \leq n} |x_j|$$

などがある．

ベクトルのノルムから**行列のノルム**が次のように定義される．

$$\|A\| = \max_{\bm{x} \neq \bm{0}} \frac{\|A\bm{x}\|}{\|\bm{x}\|}.$$

MATLAB や Scilab ではノルムは関数 `norm` によって求めることができる．

───────────────── MATLAB & Scilab ─────────────────
```
>> v = [3 -1 5];
>> norm(v)
ans =
    5.9161
```

ノルムの種類は第2引数で指定する．何も指定しないと2を指定したとみ

なされる.

――――――――――――――――――MATLAB & Scilab―
```
>> v = [3 -1 5];
>> norm(v,1)
ans =
     9
>> norm(v,2)
ans =
    5.9161
>> norm(v,Inf)
ans =
     5
```

行列でも同様に関数 norm によってノルムが得られる.

――――――――――――――――――MATLAB & Scilab―
```
>> A = [1 5 1; -1 2 3; -1 1 -3];
>> norm(A)
ans =
    5.8624
>> B = [-2 -4 1; -1 2 -5; -1 1 -3];
>> norm(A)*norm(B)
ans =
   39.9801
>> norm(A*B)
ans =
   36.7799
```

行列のノルムでも第2引数でノルムの種類を指定できる.

5.2 誤差の伝搬

———— MATLAB & Scilab ————
```
>> A = [1 5 1; -1 2 3; -1 1 -3];
>> norm(A,1)
ans =
   8
>> norm(A,2)
ans =
   5.8624
>> norm(A,Inf)    % Scilabでは%inf
ans =
   7
```

行列 A に対して
$$\mathrm{cond}(A) := \|A^{-1}\| \, \|A\|$$
を A の**条件数**(condition number) とよぶ．これは係数行列 A の連立一次方程式の解がどれくらい誤差の影響を受けるかの目安になる．

$$\mathrm{cond}(A) \geq 1$$

であるが，この値が大きいほど誤差の影響を受けやすくなる．誤差の影響を受けやすい方程式を**悪条件**(ill condition) 方程式という．

ここで条件数の例を示す．行列を
$$A = \begin{pmatrix} 1 & 0.2001 \\ 5 & 1 \end{pmatrix}$$
とする．

2つのベクトルを
$$\boldsymbol{b}_1 = \begin{pmatrix} 1.2 \\ 6 \end{pmatrix}, \quad \boldsymbol{b}_2 = \boldsymbol{b}_1 + 10^{-4} \begin{pmatrix} 1 \\ 0 \end{pmatrix}$$
としたとき，$A\boldsymbol{x}_1 = \boldsymbol{b}_1$ と $A\boldsymbol{x}_2 = \boldsymbol{b}_2$ の解はそれぞれ次のようになる．

```
>> A = [1 0.2001; 5 1]
A =
    1.0000    0.2001
    5.0000    1.0000
>> b1 = [1.2; 6]
b1 =
    1.2000
    6.0000
>> b2 = b1 + [1e-4; 0]
b2 =
    1.2001
    6.0000
>> A\b1
ans =
    1.2000
   -0.0000
>> A\b2
ans =
    1.0000
    1.0000
```

b_1 と b_2 の要素は 10^{-4} 程度の違いであるが,解は 1 程度の大きさの違いが現れており,右辺ベクトルの違いが 10^4 倍程度になっている.

次に行列を

$$\hat{A} = \begin{pmatrix} 1 & 2.001 \\ 5 & 1 \end{pmatrix}$$

とする.右辺ベクトルを

$$b_1 = \begin{pmatrix} 3 \\ 6 \end{pmatrix}, \quad b_2 = b_1 + 10^{-3} \begin{pmatrix} 1 \\ 0 \end{pmatrix}$$

とすると,解はそれぞれ次のようになる.

5.2 誤差の伝搬

────MATLAB & Scilab────

```
>> A = [1 2.001; 5 1]
A =
    1.0000    2.0010
    5.0000    1.0000
>> b1 = [3; 6]
b1 =
     3
     6
>> b2 = b1+[1e-3; 0]
b2 =
    3.0010
    6.0000
>> A\b1
ans =
    1.0001
    0.9994
>> A\b2
ans =
     1
     1
```

b_1 と b_2 の要素は 10^{-3} 程度の違いがあるが，方程式の解も同程度の違いとなっている．

このように，行列 A によって右辺ベクトルのわずかな違いにより解が大きく変化する場合と，右辺ベクトルの違いと解の違いが同程度の場合がある．

関数 cond によって条件数を計算してみると次のようになる．

```
>> A = [1 0.2001; 5 1];
>> cond(A)
ans =
   5.4080e+04
>> A = [1 2.001; 5 1];
>> cond(A)
ans =
   3.1227
```
───MATLAB & Scilab─

この 2 つの条件数の大きさが解の誤差の大きさと関連していることがわかる.

5.2.2 スケーリングによる見かけ上の条件数の変化

2 つの行列 A_1, A_2 を

$$A_1 = \begin{pmatrix} 1 & 1 \\ 1 & 2 \end{pmatrix},$$

および

$$A_2 = \begin{pmatrix} 10^{-4} & 10^{-4} \\ 1 & 2 \end{pmatrix}$$

とする.

このとき,行列の条件数を求める関数 cond を用いて A_1 と A_2 の条件数を求めてみる.次の計算でわかるように A_2 の条件数が大きくなっている.

```
>> A1 = [1 1; 1 2]
>> A1
A1 =
     1     1
     1     2
>> A2 = [1e-4 1e-4; 1 2]
A2 =
    0.0001    0.0001
    1.0000    2.0000
>> cond(A1)
ans =
    6.8541
>> cond(A2)
ans =
    5.0000e+04
```

A_1 の条件数は 7 程度であるのに対して，A_2 の条件数は 5×10^4 になっている．この値から見ると A_2 のほうが悪条件で，方程式の解の精度は低いように思われる．

A_2 は第 1 行の要素はどちらも 10^{-4} であり，第 2 行の要素と比べてかなり小さい．このような要素の値の違いのために条件数の値が大きくなっている．

ところが，これらの行列を係数行列とする連立一次方程式を解くとどちらも精度良く解が求めることができる．このように行列の係数の値に大きな差があるために条件数が大きくなり悪条件問題のようにみえる場合でも，実際には悪条件ではないこともある．

次のように対角行列をかけることで A_2 の第 1 行の値は大きくなり，これによって条件数は変化する．

162   5. 連立一次方程式の解法

———————————————— MATLAB & Scilab ——
```
>> D = diag([1e4 1])
D =
       10000           0
           0           1
>> D*A2
ans =
     1     1
     1     2
>> cond(D*A2)
ans =
    6.8541
```

5.3 Krylov 部分空間に基づく反復解法

5.3.1 反 復 解 法

行列の要素に0が多く含まれるとき，これを**疎行列**(sparse matrix) という．シミュレーションなどで現れる大規模な行列では疎行列になることが多い．

疎行列に対して消去法を行うと，消去の過程でもとは0であった場所に新たに値が加わり非零要素が増加してしまう．行列の規模が大きいときには非零要素が増加しないような方法が望ましい．LU分解は行列を変形するのに対して，行列の変形を行わないで解を求める方法として，ベクトルを反復によって修正して方程式の解を求める反復解法がある．

MATLABでは，疎行列向きの解法として**共役勾配法**(conjugate gradient method, CG法) や**双共役勾配法**(bi-conjugate gradient method, BiCG法)，**CGS法**(conjugate gradient squared method), **Bi-CGSTAB法**(bi-conjugate gradient stabilized method) などの反復法が用意されている．

行列 A が対称で正定値のときには共役勾配法を用いる．MATLABでは関数 pcg である．次の例は，対称な行列 A を乱数で生成し，右辺ベクトルは解がすべて1となるように与えている．近似解 x の相対残差 $\|b - Ax\|/\|b\|$

が tol 以下となったときに反復を停止する．反復は最大 maxit = 20 回とし，それで収束の判定をみたさないときは反復を停止する．

```MATLAB
>> n= 20;
>> A1 = rand(n,n);
>> A = 5*eye(n,n) + A1 + A1';
>> b = sum(A,2);
>> tol = 1e-8;  maxit = 20;
>> [x,flag,relres,iter,resvec] = pcg(A,b,tol,maxit);
>> semilogy(0:length(resvec)-1,resvec/norm(b));
```

図 5.1 において，横軸は反復回数 k で縦軸は相対残差 $||b - Ax_k||/||b||$ である．

一般の行列に対しては BiCG 法，CGS 法，Bi-CGSTAB 法などを適用する．MATLAB の関数はそれぞれ `bicg, cgs, bicgstab` である．

反復法では，ある程度以上反復を行えば必ず解が求められるとは限らない．また，1つの反復解法で解が得られなくても別の解法では解が得られることもあるため，複数の解法を試すことも有効である．

Scilab にはこのような反復法の関数は用意されていない．

5.3.2 Krylov 部分空間法

行列 A と $\mathbf{0}$ でないベクトル v に対して

$$\mathcal{K}_k(A, v) := \mathrm{span}\{v, Av, \cdots, A^{k-1}v\}$$

を Krylov 部分空間とよぶ．この Krylov 部分空間において近似解を求める反復法を Krylov 部分空間反復法という．

連立一次方程式 $Ax = b$ の初期近似解を x_0 とし，その残差を $r_0 = b - Ax_0$ とする．k 回反復後の近似解を x_k とし，初期近似解 x_0 からの修正量 $(x_k - x_0)$ を

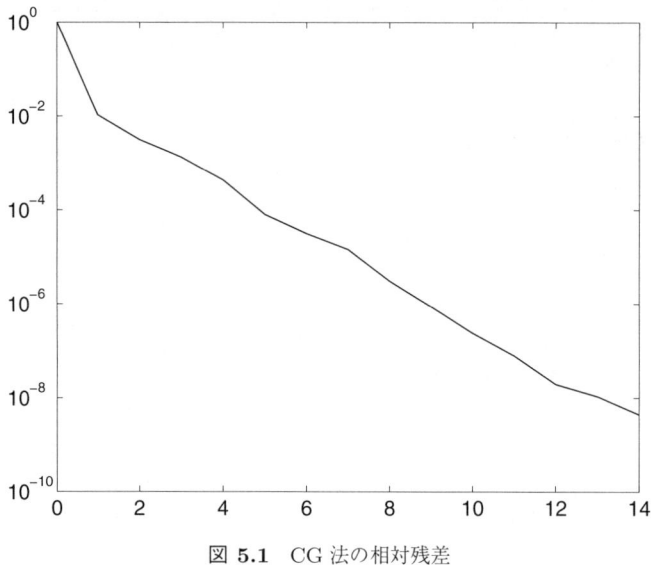

図 5.1 CG 法の相対残差

$$\boldsymbol{x}_k - \boldsymbol{x}_0 \in \mathcal{K}_k(A, \boldsymbol{r}_0)$$

において求める.このとき $\boldsymbol{x}_k - \boldsymbol{x}_0$ は $\boldsymbol{r}_0, A\boldsymbol{r}_0, \ldots, A^{k-1}\boldsymbol{r}_0$ の線形結合によって表されるため,適当な係数 $\rho_1^{(k)}, \ldots, \rho_k^{(k)}$ によって

$$\boldsymbol{x}_k = \boldsymbol{x}_0 - (\rho_1^{(k)} \boldsymbol{r}_0 + \rho_2^{(k)} A\boldsymbol{r}_0 + \cdots + \rho_k^{(k)} A^{k-1}\boldsymbol{r}_0)$$

とおく.このとき残差は

$$\begin{aligned}
\boldsymbol{r}_k &= \boldsymbol{b} - A\boldsymbol{x}_k \\
&= \boldsymbol{b} - A\boldsymbol{x}_0 + \rho_1^{(k)} A\boldsymbol{r}_0 + \rho_2^{(k)} A^2 \boldsymbol{r}_0 + \cdots + \rho_k^{(k)} A^k \boldsymbol{r}_0 \\
&= \boldsymbol{r}_0 + \rho_1^{(k)} A\boldsymbol{r}_0 + \rho_2^{(k)} A^2 \boldsymbol{r}_0 + \cdots + \rho_k^{(k)} A^k \boldsymbol{r}_0 \\
&= (I + \rho_1^{(k)} A + \rho_2^{(k)} A^2 + \cdots + \rho_k^{(k)} A^k) \boldsymbol{r}_0
\end{aligned}$$

となる.

多項式 $R_k(z)$ を

$$R_k(z) := 1 + \rho_1^{(k)} z + \rho_2^{(k)} z^2 + \cdots + \rho_k^{(k)} z^k$$

とおくと，残差 r_k は
$$r_k = R_k(A)r_0$$
のように A の多項式で表される．

5.3.3 共役勾配法

行列 A が対称で正定値のときの Krylov 部分空間法として共役勾配法がある．連立一次方程式
$$Ax = b$$
の解を x^* とし，その近似解を x とする．このとき x の誤差は
$$d = x - x^*$$
となる．ここで
$$\Psi(x) = \frac{1}{2}d^T A d$$
とおくと，A は正定値のため $d \neq 0$ のときは $\Psi(x) > 0$ である．また，$\Psi(x) = 0$ となるのは $d = 0$ のとき，すなわち $x = x^*$ のときである．

x_0 を解の近似ベクトルとし，適当な修正方向 p_0 を与え，
$$\Psi(x_0 + \alpha_0 p_0)$$
を最小とする α_0 を選ぶ．これを新しい近似ベクトルとして
$$x_1 = x_0 + \alpha_0 p_0$$
とする．

同様にして
$$x_{k+1} = x_k + \alpha_k p_k$$
によって近似解のベクトルを求めていく．このとき残差は
$$r_{k+1} = r_k - \alpha_k A p_k$$
となる．

ベクトル $p_0, p_1, \ldots, p_k$ に関して

$$(p_i, Ap_j) = 0, \quad i \neq j$$

のとき,$p_0, p_1, \ldots, p_k$ は **A-共役**(A-conjugate) であるという.

ここで,次のような内積,

$$\langle \psi, \varphi \rangle = (\psi(A) r_0, \varphi(A) r_0)$$

を定義し,この内積に関する直交多項式の漸化式から共役勾配法を導く.A が対称であれば

$$\langle \psi, \varphi \rangle = \langle \varphi, \psi \rangle$$

が成り立つ.

2つの多項式 $P_k(z)$ と $R_k(z)$ は漸化式 (3.11), (3.12) に従って

$$P_k(z) = R_k(z) + \beta_{k-1} P_{k-1}(z),$$

$$R_{k+1}(z) = R_k(z) - \alpha_k z P_k(z)$$

によって求められるとする.

2つのベクトルを

$$p_k = P_k(A) r_0,$$

$$r_k = R_k(A) r_0$$

とすると,これらのベクトルは漸化式

$$p_k = r_k + \beta_{k-1} p_{k-1},$$

$$r_{k+1} = r_k - \alpha_k A p_k \tag{5.2}$$

をみたす.

また,$r_{k+1} = b - A x_{k+1}$,および $r_k = b - A x_k$ を式 (5.2) に代入すると近似解ベクトルに関する漸化式,

$$x_{k+1} = x_k + \alpha_k p_k$$

5.3 Krylov 部分空間に基づく反復解法

が得られる．

α_k, β_k は式 (3.13), (3.14) より

$$\alpha_k = \frac{(\boldsymbol{r}_k, \boldsymbol{p}_k)}{(\boldsymbol{p}_k, A\boldsymbol{p}_k)},$$

$$\beta_k = -\frac{(\boldsymbol{r}_{k+1}, A\boldsymbol{p}_k)}{(\boldsymbol{p}_k, A\boldsymbol{p}_k)}$$

となる．

$\boldsymbol{r}_k$ と $\boldsymbol{p}_k = \boldsymbol{r}_k + \beta_{k-1}\boldsymbol{p}_{k-1}$ の内積をとると P_{k-1} が $k-1$ 次の多項式であるために $(\boldsymbol{r}_k, \boldsymbol{p}_{k-1}) = 0$ であることから，

$$(\boldsymbol{r}_k, \boldsymbol{p}_k) = (\boldsymbol{r}_k, \boldsymbol{r}_k)$$

の関係を得る．これより

$$\alpha_k = \frac{(\boldsymbol{r}_k, \boldsymbol{r}_k)}{(\boldsymbol{p}_k, A\boldsymbol{p}_k)}$$

となる．

また，$\boldsymbol{r}_{k+1}$ と $\boldsymbol{r}_{k+1} = \boldsymbol{r}_k - \alpha_k A\boldsymbol{p}_k$ の内積をとると

$$(\boldsymbol{r}_{k+1}, \boldsymbol{r}_{k+1}) = -\alpha_k(\boldsymbol{r}_{k+1}, A\boldsymbol{p}_k) = -\frac{(\boldsymbol{r}_k, \boldsymbol{r}_k)}{(\boldsymbol{p}_k, A\boldsymbol{p}_k)}(\boldsymbol{r}_{k+1}, A\boldsymbol{p}_k)$$

となることから，

$$\beta_k = \frac{(\boldsymbol{r}_{k+1}, \boldsymbol{r}_{k+1})}{(\boldsymbol{r}_k, \boldsymbol{r}_k)}$$

となる．

$\|\boldsymbol{r}_{k+1}\|_2^2 = (\boldsymbol{r}_{k+1}, \boldsymbol{r}_{k+1})$ は反復の過程で残差ベクトルの大きさを調べるために計算するので，その値を漸化式に利用すると内積の回数を節約することができる．

以上をまとめると次に示すような共役勾配法のアルゴリズムが得られる．

$\boldsymbol{r}_0 = \boldsymbol{b} - A\boldsymbol{x}_0$
$\boldsymbol{p}_0 = \boldsymbol{r}_0$
for $k = 0, 1, \ldots$

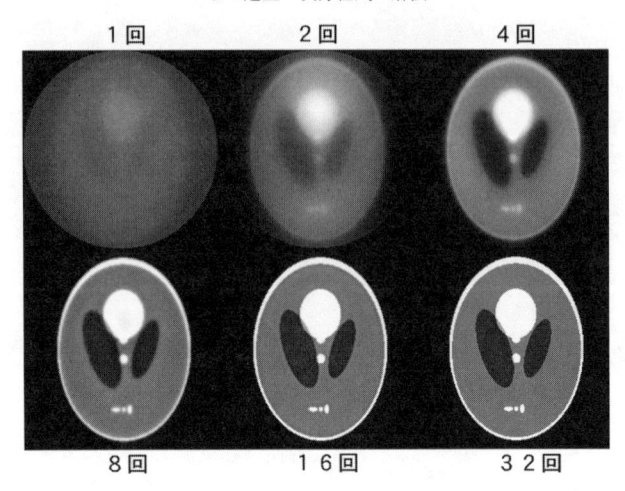

図 **5.2** CG 法を用いた CT 画像再構成

$$\alpha_k = \frac{(\boldsymbol{r}_k, \boldsymbol{r}_k)}{(\boldsymbol{p}_k, A\boldsymbol{p}_k)}$$
$$\boldsymbol{x}_{k+1} = \boldsymbol{x}_k + \alpha_k \boldsymbol{p}_k$$
$$\boldsymbol{r}_{k+1} = \boldsymbol{r}_k - \alpha_k A\boldsymbol{p}_k$$
$$\beta_k = \frac{(\boldsymbol{r}_{k+1}, \boldsymbol{r}_{k+1})}{(\boldsymbol{r}_k, \boldsymbol{r}_k)}$$
$$\boldsymbol{p}_{k+1} = \boldsymbol{r}_{k+1} + \beta_k \boldsymbol{p}_k$$
end

反復は $\|\boldsymbol{r}_{k+1}\|$ が小さくなったときに終了する．

CG 法の反復の様子が直感的にわかりやすい例として，コンピュータトモグラフィ（CT）画像再構成で現れる連立一次方程式を CG 法で解く例を紹介する．画像の各画素の濃度を未知数とし，X 線の測定結果をみたすような条件を連立一次方程式に帰着させる．この方程式を CG 法で解いたときの反復の過程で現れる近似解 $\boldsymbol{x}_k$ から得られる画像を図 5.2 に示す．CG 法の反復に従って画像が明確になっていく様子がわかる．

5.3.4 前処理

行列によっては多くの反復回数が必要となったり，残差が小さくならず解が得られないこともある．行列 A が対称で正定値の場合には，正定値対称な行列 M を用いて $C = M^2$ と分解できる行列 C によって，方程式を

$$(M^{-1}AM^{-1})(M\boldsymbol{x}) = M^{-1}\boldsymbol{b}$$

とする．C は前処理行列とよばれる．

未知ベクトルを

$$\hat{\boldsymbol{x}} = M\boldsymbol{x}$$

として，A の代わりに $M^{-1}AM^{-1}$ を係数行列として共役勾配法を適用する．このとき現れるベクトルを $\hat{\boldsymbol{r}}_0, \hat{\boldsymbol{r}}_1, \ldots$ および $\hat{\boldsymbol{p}}_0, \hat{\boldsymbol{p}}_1, \ldots$ とする．

このとき

$$M\boldsymbol{x}_{k+1} = M\boldsymbol{x}_k + \alpha_k \hat{\boldsymbol{p}}_k$$

であることから

$$\boldsymbol{x}_{k+1} = \boldsymbol{x}_k + \alpha_k M^{-1}\hat{\boldsymbol{p}}_k$$

となる．ここで

$$\boldsymbol{p}_k = M^{-1}\hat{\boldsymbol{p}}_k$$

とおくと，

$$\boldsymbol{x}_{k+1} = \boldsymbol{x}_k + \alpha_k \boldsymbol{p}_k$$

となる．
$\boldsymbol{r}_k = M\hat{\boldsymbol{r}}_k$ とおくと $\boldsymbol{r}_k$ の漸化式は

$$\boldsymbol{r}_{k+1} = \boldsymbol{r}_k - \alpha_k A\boldsymbol{p}_k$$

となる．

$$\boldsymbol{z}_k = C^{-1}\boldsymbol{r}_k$$

とおくと

$$\boldsymbol{p}_k = \boldsymbol{z}_k + \beta_{k-1}\boldsymbol{p}_{k-1}$$

となる．α_k，β_k についても $\boldsymbol{z}_k$ を用いて表すことができる．

このような前処理行列を用いた場合の共役勾配法は以下のようになる．

$$r_0 = b - Ax_0$$
$Cz_0 = r_0$ を解く
$$p_0 = z_0$$
for $k = 0, 1, \ldots$
$$\alpha_k = \frac{(z_k, r_k)}{(p_k, Ap_k)}$$
$$x_{k+1} = x_k + \alpha_k p_k$$
$$r_{k+1} = r_k - \alpha_k Ap_k$$
$Cz_{k+1} = r_{k+1}$ を解く
$$\beta_k = \frac{(z_{k+1}, r_{k+1})}{(z_k, r_k)}$$
$$p_{k+1} = z_{k+1} + \beta_k p_k$$
end

前処理行列 C を求める方法として，**不完全 Cholesky 分解**(incomplete Cholesky decomposition) がある．A の修正 Cholesky 分解を簡略化して LDL^T を求めると，A と LDL^T は完全には一致しないため

$$A = LDL^T + R$$

のように表される．この LDL^T を不完全 Cholesky 分解という．

不完全な Cholesky 分解を行う方法として，A の (i, j) 要素が 0 でないときだけ L の (i, j) 要素を求める方法がある．この不完全に分解した行列を用いて前処理行列を $C = LDL^T$ とする．このようにしたとき，前処理付き CG 法のアルゴリズムでは各ステップで $(LDL^T)z_{k+1} = r_{k+1}$ を解いているが，これは前進代入と後退代入によって計算される．

5.4 大規模疎行列

5.4.1 疎行列のための関数

n 次の行列の要素数は n^2 個であるため，大規模な行列ではその要素数は膨大になる．行列がその要素の多くが 0 となる疎行列のときには，0 でない要素のみをデータとして保持することでメモリーが節約できる．また，演算に

5.4 大規模疎行列

おいてもできるだけ 0×0 のような計算を行わないように工夫することで大規模な問題を扱うことが可能となる．

MATLAB や Scilab では疎行列を扱う機能が用意されている．要素に 0 が含まれる行列 A が与えられたときに，0 でない要素だけを保持するには sparse を用いる．ここでは結果を見やすくするために小規模な行列を例にする．

次の例では A は 3×3 の行列で要素数は 9 である．しかし，そのうちのいくつかは 0 になっている．関数 sparse は A の要素のうち 0 でないものだけをデータに持つ疎行列を生成する．

──────────────────────────────MATLAB & Scilab─
```
>> A = [2 0 -1; 0 1 0; 0 0 2];
>> As = sparse(A)
As =
   (1,1)        2
   (2,2)        1
   (1,3)       -1
   (3,3)        2
```

疎行列を 0 の要素も保持する形式に戻すには full 命令を用いる．

疎行列の 0 でない要素の行番号と列番号，およびその要素の値がわかっているときに，これらの値から疎行列を生成するときも関数 sparse を用いる．

ただし，MATLAB と Scilab では関数 sparse の引数の与え方が異なる．そのため，疎行列を扱う関数について MATLAB と Scilab のそれぞれについて説明をする．

MATLABにおける疎行列の扱い

次は MATLAB での sparse の利用例である.

A の要素のうち,$(1,1)$, $(1,3)$, $(2,2)$, $(3,3)$ 要素が 0 でなく,それぞれ $2, -1, 1, 2$ のとき,次のように非零要素の行番号のベクトル,列番号のベクトル,要素の値のベクトルを引数に与える.

```
─────────────────────────────────MATLAB─
>> row = [1 1 2 3];
>> col = [1 3 2 3];
>> val = [2 -1 1 2];
>> As = sparse(row,col,val)
As =
   (1,1)        2
   (2,2)        1
   (1,3)       -1
   (3,3)        2
>> full(As)
ans =
     2     0    -1
     0     1     0
     0     0     2
```

疎行列は普通の行列と同様に演算を記述することができる.連立一次方程式を解くときも記号 \ を用いることができる.次の例は,疎行列 As の積を求めている.また,As を係数行列にする連立一次方程式を解いている.

5.4 大規模疎行列

```
>> A = [2 0 -1; 0 1 0; 0 0 2];
>> As = sparse(A);
>> As*As
ans =
   (1,1)        4
   (2,2)        1
   (1,3)       -4
   (3,3)        4
>> b = sum(As,2);
>> A\b
ans =
     1
     1
     1
```

疎行列の非零要素の行や列を求めるには find 命令を用いる.

```
>> [row, col, val] = find(As);
>> [row col val]
ans =
     1     1     2
     2     2     1
     1     3    -1
     3     3     2
```

疎行列 As の非零要素の位置の値が 1 となる疎行列は spones 命令を用いる. また, 単位行列を疎行列として与えることもできる.

```
                                                        ─MATLAB─
>> spones(As)
ans =
   (1,1)         1
   (2,2)         1
   (1,3)         1
   (3,3)         1
>> speye(3,3)
ans =
   (1,1)         1
   (2,2)         1
   (3,3)         1
```

次の例は要素を乱数で与えている．行列のサイズは 30×30 で 0.2 の割合で非零要素となる． spy 命令は引数で与えた疎行列の非零要素の位置をグラフで表示する．この例では非零要素の位置に記号 x を大きさ 10 で書いている．

```
                                                        ─MATLAB─
>> As = sprand(30,30,0.2);
>> spy(As,'x',10)
```

実行結果を図 5.3 に示す．

■■■■ Scilab における疎行列の扱い ■■■■

Scilab では行と列の番号の与え方が MATLAB と異なり，第 1 列に行の番号，第 2 列に列の番号を並べた行列として与え，以下のようにする． full 命令は同じである．連立一次方程式の解は記号 \ によって求めることができる．

5.4 大規模疎行列

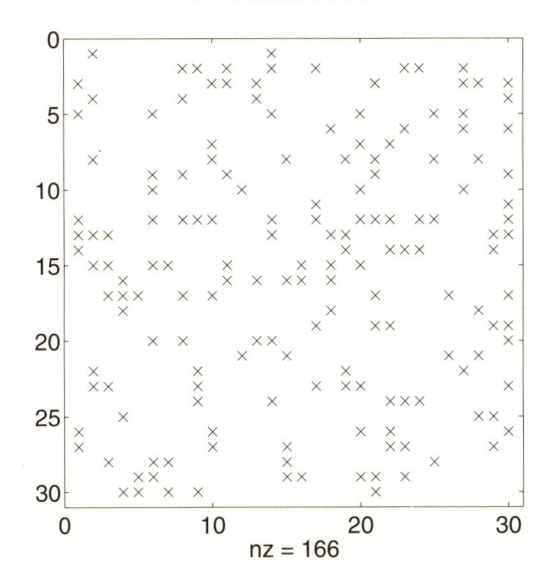

[scatter plot of sparse matrix nonzeros, nz = 166]

図 5.3 疎行列の非零要素の分布グラフ (MATLAB)

```
                                                          Scilab
--> row = [1 1 2 3];
--> col = [1 3 2 3];
--> val = [2 -1 1 2];
--> index = [row' col'];
--> As = sparse(index, val)
 As  =
(    3,    3) sparse matrix
(    1,    1)       2.
(    1,    3)     - 1.
(    2,    2)       1.
(    3,    3)       2.
--> full(As)
 ans  =
!  2.    0.   - 1. !
!  0.    1.    0.  !
!  0.    0.    2.  !
```

疎行列のデータから列や行の配列を取り出すには spget 命令を用いる．

```
                                                        Scilab
--> [index,values,dim] = spget(As)
 dim  =
!   3.    3. !
 values  =
!   2. !
! - 1. !
!   1. !
!   2. !
 index  =
!   1.    1. !
!   1.    3. !
!   2.    2. !
!   3.    3. !
```

疎行列を引数に与えて，その行列の非零要素の位置に 1 を入れた行列は spones 命令で生成される．

```
                                                        Scilab
--> spones(As)
 ans  =
(    3,    3) sparse matrix

(    1,    1)        1.
(    1,    3)        1.
(    2,    2)        1.
(    3,    3)        1.
```

この他，対角行列，乱数で要素を与える行列，すべての要素が 0 の疎行列を与える命令がある．

```
--> speye(3,3)
 ans  =
(     3,     3) sparse matrix

(     1,    1)        1.
(     2,    2)        1.
(     3,    3)        1.

--> sprand(3,3,0.4)
 ans  =
(     3,     3) sparse matrix

(     1,    1)        .2164633
(     1,    2)        .6525135
(     2,    2)        .3076091
(     3,    1)        .8833888
--> spzeros(3,3)
 ans  =
(     3,     3) zero sparse matrix
```

Scilabにおいて，疎行列の非零要素の分布の様子を示す関数を次のように定義する．

```
function spplot(As)
   [index, values, dim] = spget(As);
   xx = index(:, 1);
   yy = index(:, 2);
   plot2d(xx, yy, -2);
```

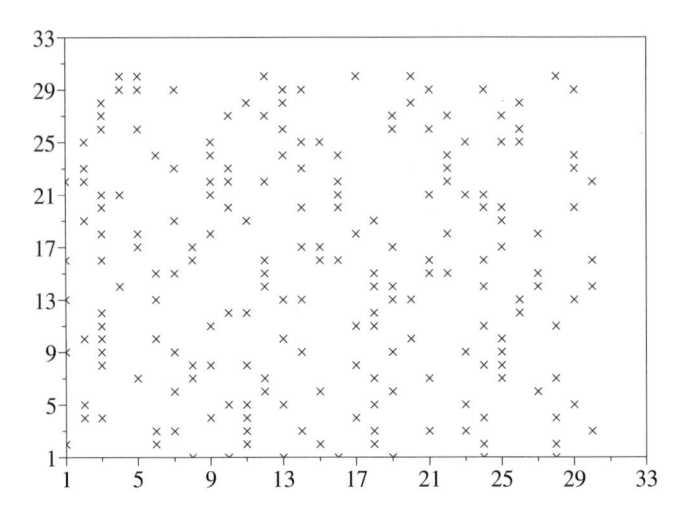

図 5.4 疎行列の非零要素の分布グラフ (Scilab)

次のようにすることで図 5.4 が得られる．

```
                                                              Scilab
--> As = sprand(30, 30, 0.2);
--> exec('spplot');
--> spplot(As);
```

5.4.2 疎行列の格納方法

行列の 0 でない要素のみを保持するデータの形式として，**CRS 形式**(compressed row strage format) がある．CRS 形式では A の要素を格納する配列 val，列のインデックスを格納する配列 col_ind，各行の要素が配列 val の何番目から格納されているかを示す配列 row_ptr の 3 つの配列を用いる．

本節では MATLAB や Scilab の疎行列用の機能を利用しないで，この CRS 形式によって疎行列を扱ってみる．

5.4 大規模疎行列

```
      1   2   3   4   5
    ┌─────────────────────┐
    │ 5   0   0  -1   0   │
    └─────────────────────┘

val    ┌─────────────────────────────────┐
       │ 5  -1                           │
       └─────────────────────────────────┘

col_ind┌─────────────────────────────────┐
       │ 1   4                           │
       └─────────────────────────────────┘

row_ptr┌─────────────────────────────────┐
       │ 1   3                           │
       └─────────────────────────────────┘
```

図 **5.5** CRS 形式のデータ格納法(第 1 行)

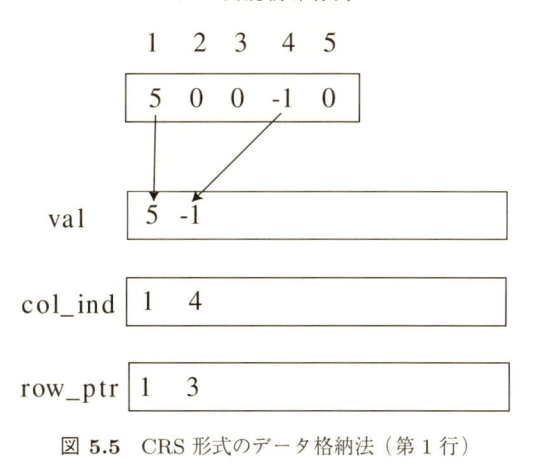

行列 A が

$$A = \begin{pmatrix} 5 & 0 & 0 & -1 & 0 \\ 0 & 3 & 9 & 0 & 0 \\ 0 & 0 & 1 & 0 & 8 \\ 0 & -2 & 0 & 5 & 0 \\ -3 & 0 & 0 & 2 & -1 \end{pmatrix}$$

の場合を例に CRS 形式を示す.この例では,$n = 5$ で非零要素数は 11 である.

A の第 1 行の非零要素は第 1 列と第 4 列の 5 および -1 である.そのため val には先頭から 5 と -1 が格納され,col_ind の対応する場所には 1 と 4 が格納される.第 1 行の要素数は 2 で,val の 3 番から第 2 行の要素が格納されるため,row_ptr は先頭に 1,次に 3 が格納される.同様に第 2 行から第 n 行まで格納をしていく.

CRS 形式のデータ格納の様子を図 5.5, 5.6 に示す.最終的には次のようなデータになる.row_ptr(n+1) には A の非零要素数+1 の値が格納される.

val	5	-1	3	9	1	8	-2	5	-3	2	-1
col_ind	1	4	2	3	3	5	2	4	1	4	5
row_ptr	1	3	5	7	9	12					

```
       1  2  3  4  5
      ┌──────────────┐
      │ 0  3  9  0  0│
      └──────────────┘

val   ┌──────────────┐
      │ 5 -1  3  9   │
      └──────────────┘

col_ind ┌────────────┐
        │ 1  4  2  3 │
        └────────────┘

row_ptr ┌────────────┐
        │ 1  3  5    │
        └────────────┘
```

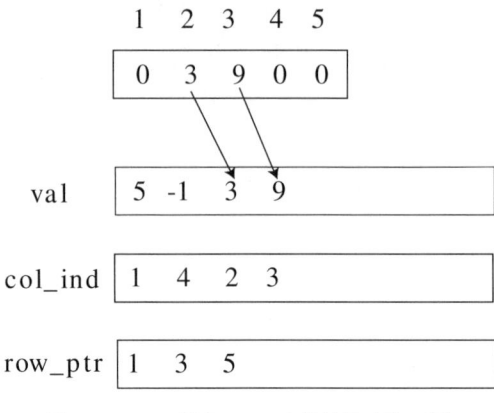

図 5.6 CRS 形式のデータ格納法（第 2 行）

行列 A が与えられたときに，対応する CRS 形式のデータを生成する関数 mat2CRS，および CRS 形式のデータから $n \times n$ の行列の要素を生成する関数 CRS2mat を示す．

─────MATLAB & Scilab─────
```
function [val, col_ind, row_ptr] = mat2CRS(A)
[m,n] = size(A);
val = [ ];
col_ind = [ ];
row_ptr(1) = 1;
for i = 1:n
   j = find(A(i,:) ~= 0);
   val = [val A(i,j)];
   col_ind = [col_ind j];
   row_ptr(i+1) = row_ptr(i) + length(j);
end
```

5.4 大規模疎行列

―MATLAB & Scilab―

```
function [A] = CRS2mat(val, col_ind, row_ptr);
n = length(row_ptr)-1;
A = zeros(n,n);
for i=1:n
   j = row_ptr(i):row_ptr(i+1)-1;
   A(i,col_ind(j)) = val(j);
end
```

CRS 形式で格納された疎行列について，行列とベクトルの積 $y = Ax$ の計算を行う方法を示す．y の要素を求める式は

$$y_i = \sum_{j=1}^{n} a_{ij} x_j, \quad i = 1, 2, \ldots, n$$

と表される．

これを for ループで表すと次のようになる．ここで $x(i)$，$y(i)$ はそれぞれ x_i，y_i を表す．

  for $i = 1, \ldots, n$
   $y(i) = 0$
   for $j = 1, \ldots, n$
    $y(i) = y(i) + a_{ij} \times x(j)$
   end
  end

行列 A の要素が CRS 形式で与えられているときには，0 でない要素だけが val(j) に格納され，その列番号は col_ind(j) で与えられる．そのため，次のようなアルゴリズムになる．

  for $i = 1, \ldots, n$
   $y(i) = 0$

> **for** $j = \text{row\_ptr}(i), \ldots, \text{row\_ptr}(i+1) - 1$
> $\quad y(i) = y(i) + \text{val}(j) \times x(\text{col\_ind}(j))$
> **end**
>
> **end**

これを MATLAB と Scilab で表すと次のようになる．アルゴリズム中の j に関するループは，j をベクトルとして表し val(j) や col_ind(j) のように要素をベクトルで指定するようにしている．

```
──────────────────────────────────MATLAB & Scilab─
% spmatvec.m    Scilab では spmatvec.sci
function y = spmatvec(val,col_ind,row_ptr,x)
n = length(x);
y = zeros(n,1);
for i=1:n
   j = row_ptr(i):row_ptr(i+1)-1;
   y(i) = val(j)*x(col_ind(j));
end
```

CRS 形式では行列の要素を行方向に格納しているため，転置行列とベクトルの積 $y = A^T x$ の計算では工夫を要する．A の第 1 行の要素は A^T では第 1 列の要素になるため，$A^T x$ の計算では x の 1 番目の要素 x_1 との積に用いられる．同様に A の第 j 行の要素は x_j との積に用いられる．そのため，行列とベクトルの積のループの外側と中側を入れ替える．A が密行列のときには次のようになる．

> **for** $i = 1, \ldots, n$
> $\quad y(i) = 0$
> **end**
> **for** $j = 1, \ldots, n$
> $\quad$ **for** $i = 1, \ldots, n$
> $\quad\quad y(i) = y(i) + a_{ji} \times x(j)$

5.4 大規模疎行列

   end
  end

要素が 0 でないときだけ行うと次のようになる.

  for $i = 1, \ldots, n$
   $y(i) = 0$
  end
  for $j = 1, \ldots, n$
   for $i = \mathrm{row\_ptr}(j), \ldots, \mathrm{row\_ptr}(j+1) - 1$
    $y(\mathrm{col\_ind}(i)) = y(\mathrm{col\_ind}(i)) + \mathrm{val}(i) \times x(j)$
   end
  end

MATLAB と Scilab では次のように表される. ここでも i に関するループをベクトル i による処理に置き換えている. また, y は列ベクトルであるのに対して val は行ベクトルであるため, 転置の演算 .' によって val を列ベクトルにしている.

―――――――――――――――――――――MATLAB & Scilab―

```
% sptrmatvec.m    Scilab では sptrmatvec.sci
function y = sptrmatvec(val,col_ind,row_ptr,x)
n = length(x);
y = zeros(n,1);
for j=1:n
   i = row_ptr(j):row_ptr(j+1)-1;
   y(col_ind(i)) = y(col_ind(i)) + (val(i).')*x(j);
end
```

5.4.3 対称行列に対する前処理つき共役勾配法

行列 A が対称なときには,対角要素以外は $a_{ij} = a_{ji}$ となるので,a_{ij} があれば a_{ji} はメモリーに保存しておく必要はない.そのため行列の対角から左下の要素のみを保持することにすると要素を格納するためのメモリーを節約することができる.後で示す不完全コレスキー分解で便利なように,A の対角要素をベクトル $\boldsymbol{d} = (a_{11}, a_{22}, \cdots, a_{nn})^T$ として別に保持し,対角より下の要素を CRS 形式と同様の方式で保持する.

行列 A が

$$A = \begin{pmatrix} 5 & 1 & 0 & 0 & -3 \\ 1 & 3 & -1 & -2 & 0 \\ 0 & -1 & 1 & 0 & 1 \\ 0 & -2 & 0 & 5 & 0 \\ -3 & 0 & 1 & 0 & -1 \end{pmatrix}$$

の場合は,対角より左下の要素は第 2 行の 1,第 3 行の -1,第 4 行の -2,第 5 行の 3, 1 であり,それぞれの列番号は 1, 2, 2, 1, 3 である.また,対角要素は 5, 3, 1, 5, -1 である.そのため次のようになる.

val	1	-1	-2	-3	1
col_ind	1	2	2	1	3
row_ptr	1	1	2	3	4	6
d	5	3	1	5	-1

このようなデータの格納方法を用いて前処理付きの共役勾配法のプログラムを作成していく.

────── 対称行列のデータの圧縮 ──────

まず,対称な密行列から圧縮したデータを作成する関数を示す.これは対角より左の要素が 0 でないときだけ val に値を格納している.

―― MATLAB & Scilab ――
```
function [val, col_ind, row_ptr, d] = mat2symCRS(A)
n = length(A);
d = diag(A);
k = 0; r = 0; row_ptr(1) = 1;
for i=1:n
   for j=1:i-1
      if A(i,j) ~= 0
         k = k + 1;
         val(k) = A(i,j);
         col_ind(k) = j;
         r = r + 1;
      end
   end
   row_ptr(i+1) = r+1;
end
```

■■■■■ 行列とベクトル積 ■■■■■

A の対角より左下の要素だけを要素に持つ行列を A_L, 対角要素だけの A_D, 対角より右上だけの要素を持つ行列を A_L^T とすると,

$$A = A_L + A_D + A_L^T$$

と表される. 行列とベクトルの積 $y = Ax$ を求めるには,

$$y = Ax = A_L x + A_D x + A_L^T x$$

であることから, $A_L x$ は CRS 形式の行列とベクトルの積, $A_L^T x$ は CRS 形式の転置行列とベクトルの積のアルゴリズムを用いればよい. また, 対角要素の部分 $A_D x$ についてはそれぞれの要素の積を求めればよい.

―― MATLAB & Scilab ――

```
function Ax = Ax_prod_sym_CRS(AL,AD,x,col_ind,row_ptr)
n  = length(AD);
Ax = zeros(n,1);
for i=1:n
   for j=row_ptr(i):row_ptr(i+1)-1
      Ax(i) = Ax(i)+AL(j)*x(col_ind(j));
   end
   Ax(i) = Ax(i)+AD(i)*x(i);
end
for j=1:n
   for i=row_ptr(j):row_ptr(j+1)-1
      Ax(col_ind(i)) = Ax(col_ind(i))+AL(i)*x(j);
   end
end
```

不完全 Cholesky 分解

対称行列向きの CRS 形式では，行方向の順に非零要素を並べているため，これに合わせて L の要素を行方向に求めていく修正 Cholesky 分解をもとにして，不完全 Cholesky 分解を求めることにする．

行列 $L = (l_{ij})$ とし，対角行列 D の対角要素を $d_1, \ldots, d_n$ とする．A が密行列の場合には，A と LDL^T の要素を比較することで次のような行方向に要素を求める修正 Cholesky 分解のアルゴリズムが得られる．

$$\begin{aligned}
&\textbf{for}\ \ i=1,2,\ldots,n \\
&\quad \textbf{for}\ \ j=1,2,\ldots,i-1 \\
&\qquad v_j = a_{ij} - \sum_{k=1}^{j-1} l_{jk} v_k \\
&\qquad l_{ij} = v_j/d_j \\
&\quad \textbf{end}
\end{aligned}$$

$$d_i = a_{ii} - \sum_{j=1}^{i-1} l_{ij} v_j$$
end

このアルゴリズムを MATLAB と Scilab で表すと次のようになる．

─MATLAB & Scilab─
```
function [L,D] = mchold(A)
[m,n] = size(A);
L = eye(n,n);
D = diag(A);
for i=1:n
   for j=1:i-1
      v(j) = A(i,j);
      for k=1:j-1
         v(j) = v(j) - L(j,k)*v(k);
      end
      L(i,j) = v(j)/D(j);
   end
   for j=1:i-1
      D(i) = D(i) - L(i,j)*v(j);
   end
end
```

この計算を，行列が対称行列向きの CRS 形式で与えられたときに，非零要素のある位置の要素だけ計算するようにすると次のような関数が得られる．これは不完全分解であるため，mchold の結果とは一致しないことに注意する．

—MATLAB & Scilab—
```
function [L,D] = icdcmp(AL,AD,col_ind,row_ptr)
n = length(AD);
D = AD;
for i=1:n
   v = zeros(1,n);
   for j=row_ptr(i):row_ptr(i+1)-1
      v(col_ind(j)) = AL(j);
      for k=row_ptr(col_ind(j)):row_ptr(col_ind(j)+1)-1
      v(col_ind(j)) = v(col_ind(j)) - L(k)* ...
                      v(col_ind(k));
      end
      L(j) = v(col_ind(j))/D(col_ind(j));
   end
   for j=row_ptr(i):row_ptr(i+1)-1
      D(i) = D(i) - L(j)*v(col_ind(j));
   end
end
```

■■■■ 前進代入,後退代入 ■■■■

前処理付きの共役勾配法のアルゴリズムでは,前処理行列 C を A の要素が 0 でないときだけ値を求める不完全 Cholesky 分解によって求めたとき,ベクトル r に対して

$$z = (LDL^T)^{-1}r$$

のような計算が必要となる.
これは

$$LDL^T z = r$$

をみたす z を前進代入と後退代入によって求める.

$$y = DL^T z$$

とおいたとき，この計算で前進代入，
$$Ly = r$$
は以下のようになる．

    for $i = 1, 2, \ldots, n$
        $y_i = r_i - \sum_{j=1}^{i-1} l_{ij} y_j$
    end

後退代入，
$$DL^T z = y$$
は以下のようになる．

    for $i = 1, 2, \ldots, n$
        $z_i = y_i / d_i$
    end
    for $i = n, n-1, \ldots, 1$
        for $j = i-1, i-2, \ldots, 1$
            $z_j = z_j - l_{ij} z_i$
        end
    end

これらに対応する MATLAB と Scilab のプログラムは次のようになる．

```
function z = LDLTinv(L,D,r,col_ind,row_ptr)
n = length(D);
z = r;
for i =1:n
   for j=row_ptr(i):row_ptr(i+1)-1;
      z(i) = z(i)-L(j)*z(col_ind(j));
   end
end
for i = 1:n
   z(i) = z(i)/D(i);
end
for i=n:-1:1
   for j=row_ptr(i+1)-1:-1:row_ptr(i)
      z(col_ind(j)) = z(col_ind(j))-L(j)*z(i);
   end
end
```

前処理付き共役勾配法

これまで示してきた疎行列向きの関数を用いると，前処理付き共役勾配法の関数 iccg が得られる．

対称行列 A の対角より下の非零要素を AL に，その要素のインデックスを col_ind, row_ptr に格納しておく．

これらの疎行列のデータを引数に与えて，関数 icdcmp によって不完全 Cholesky 分解を行った行列 L の対角より下の要素 L，および対角要素 D を求める．このとき L のインデックスは AL と共通である．

これらの行列のデータを引数として関数 iccg をよぶ．残差ベクトル r_k のノルムを b のノルムで割った値が tol よりも小さくなったときに反復を停止する．

kmax 回反復しても所要の精度が得られなかったときは反復を停止する．

初期ベクトルとして x を与える．多くの場合 x は要素がすべて 0 のベクトルが用いられるが，初期値依存性があるためこの値を変えると反復の様子が大きく変わることもある．

―MATLAB & Scilab―
```
function [x,iter,resvec] = iccg(AL,AD,L,D,b,col_ind,...
      row_ptr,tol,kmax,x0)
n = length(AD); x = x0;
Ax = Ax_prod_sym_CRS(AL,AD,x,col_ind,row_ptr);
r = b - Ax;
z = LDLTinv(L,D,r,col_ind,row_ptr);
p = z;
resvec = zeros(kmax,1);
nb = norm(b);
resvec(1) = norm(r)/nb;
num = z'*r;
for k = 2:kmax
   Ap = Ax_prod_sym_CRS(AL,AD,p,col_ind,row_ptr);
   den = Ap'*p;
   alpha = num/den;
   x = x + alpha*p;
   r = r - alpha*Ap;
   resvec(k) = norm(r)/nb;
   if (resvec(k) < tol)
      resvec = resvec(1:k);
      iter = k;
      break;
   end
   z = LDLTinv(L,D,r,col_ind,row_ptr);
   den = num;
   num = z'*r;
   beta = num/den;
   p = z + beta*p;
end
```

行列の非零要素の数が多くなると前処理行列を求める計算に時間がかかる．そこで D を対角行列として次のような形の分解，

$$(I + A_L D^{-1}) D (I + (A_L D^{-1})^T)$$

を考え，この行列の対角要素のみが A の対角要素と一致するように D を決める方法がある．対角要素を比較することで D の対角要素 $d_1, \ldots, d_n$ を求める式，

$$d_i = a_{ii} - \sum_{j=1}^{i-1} a_{ij}^2 / d_j, \quad i = 1, \ldots, n$$

を得る．問題によってはこのように対角要素のみが一致するような前処理で十分な場合がある．

$L = A_L D^{-1}$ と D を求める疎行列向きの関数は MATLAB と Scilab では次のように表される．

———————————————————— MATLAB & Scilab ————

```
function [L,D] = icdcmp_d(AL,AD,col_ind,row_ptr)
n = length(AD);
L = AL;
D = AD;
for i = 1:n
   j = row_ptr(i):row_ptr(i+1)-1;
   D(i) = D(i) - sum( L(j).^2 ./ D(col_ind(j)).' );
 end
for i = 1:n
   j = row_ptr(i):row_ptr(i+1)-1;
   L(j) = sum( L(j) ./ D(col_ind(j)).' );
end
```

第6章 固有値問題の解法

固有値問題は数値シミュレーションなどの数値計算でよく現れる基本的な問題である．量子化学や個体物理などで実験値を用いずに理論的な式から求めることを第一原理という．このとき，シュレーディンガーの波動方程式から大規模な固有値問題が導かれる．

6.1 固有値を求める関数

n 次正方行列 A に対して

$$A\boldsymbol{x} = \lambda \boldsymbol{x}, \quad \boldsymbol{x} \neq \boldsymbol{0}$$

をみたす λ とベクトル $\boldsymbol{x}$ を求める問題を**固有値問題**(eigenvalue problem) という．このとき λ を A の**固有値**(eigenvalue)，$\boldsymbol{x}$ をそれに対応する**固有ベクトル**(eigenvector) とよぶ．

$A\boldsymbol{x} = \lambda \boldsymbol{x}$ は

$$(\lambda I - A)\boldsymbol{x} = \boldsymbol{0}$$

と表せるが，$\boldsymbol{x} \neq \boldsymbol{0}$ であることからこの方程式が解を持つのは $\lambda I - A$ が正則でないときである．

$\lambda I - A$ が正則でないとき，$\det(\lambda I - A) = 0$ である．

$$p(\lambda) = \det(\lambda I - A) = 0$$

は**特性方程式**(characteristic equation) とよばれ，この方程式の解が固有値となる．

$p(\lambda)$ は λ に関するたかだか n 次の多項式で，**特性多項式**(characteristic polynomial) とよばれる．n 次多項式は多重度も含めて n 個の零点を持つ．

これを $\lambda_1, \ldots, \lambda_n$ とすると

$$p(\lambda) = (\lambda - \lambda_1)(\lambda - \lambda_2) \cdots (\lambda - \lambda_n)$$

となる.

5次以上の代数方程式に対する解の公式は存在しないため，一般には反復法によって解くことになる．ただし，実際にこのような代数方程式を解くことは n が大きくなると不安定になることが多く避けた方がよい．

行列 $\lambda I - A$ が正則でないとき，その共役転置 $\bar{\lambda} I - A^H$ も正則でない．したがって，A^H の固有値は A の固有値の共役となる．A が実行列のとき $A\boldsymbol{x} = \lambda \boldsymbol{x}$ であれば $A\bar{\boldsymbol{x}} = \bar{\lambda}\bar{\boldsymbol{x}}$ である．したがって，λ と $\boldsymbol{x}$ がそれぞれ固有値，固有ベクトルのとき，$\bar{\lambda}$ と $\bar{\boldsymbol{x}}$ も固有値と固有ベクトルになる．

A が正則で $A\boldsymbol{x} = \lambda \boldsymbol{x}$ のとき，

$$A^{-1}\boldsymbol{x} = \frac{1}{\lambda}\boldsymbol{x}$$

となり，固有値は逆数になる．

$f(z)$ は k 次の多項式で，

$$f(z) = \alpha_0 + \alpha_1 z + \cdots + \alpha_k z^k$$

と表されるとする．このとき z の代わりに A を代入した行列の多項式を

$$f(A) = \alpha_0 I + \alpha_1 A + \cdots + \alpha_k A^k$$

とする．$A\boldsymbol{x} = \lambda \boldsymbol{x}$ のとき，

$$f(A)\boldsymbol{x} = f(\lambda)\boldsymbol{x}$$

となる.

正則な行列 X によって A を $X^{-1}AX$ に変換することを**相似変換**(similarity transformation) という．このとき

$$\begin{aligned}\det(\lambda I - X^{-1}AX) &= \det\bigl(X^{-1}(\lambda I - A)X\bigr) \\ &= \det(X^{-1})\det(\lambda I - A)\det(X)\end{aligned}$$

$$= \det(\lambda I - A)$$

であることから，相似変換では固有値は変化しない．

相似変換によって

$$X^{-1}AX = \mathrm{diag}(\lambda_1, \ldots, \lambda_n)$$

のように対角行列が得られると，

$$AX = X\mathrm{diag}(\lambda_1, \ldots, \lambda_n)$$

となる．ここで $X = (\boldsymbol{x}_1, \ldots, \boldsymbol{x}_n)$ と表すと上式より

$$A\boldsymbol{x}_i = \lambda_i \boldsymbol{x}_i, \quad i = 1, 2, \ldots, n$$

となり，X の列ベクトルは固有ベクトルになる．

このような相似変換では X の逆行列が必要となる．行列 U が $U^H U = UU^H = I$ のとき**ユニタリ行列**(Unitary matrix) という．ユニタリ行列では $U^{-1} = U^H$ であるため共役転置によって逆行列が得られる．

ユニタリ行列による相似変換によって上三角行列にすることができる．U による相似変換 $U^H A U$ によって上三角行列 S になるときこの変換を **Schur 変換**(Schur transform) といい，このように行列を分解することを **Schur 分解**(Schur decomposition) という．

行列 A が $A^H = A$ のとき **Hermite 行列**という．A が Hermite 行列のときには

$$U^H A U = \mathrm{diag}(\lambda_1, \ldots, \lambda_n)$$

とすることができる．ここで $\lambda_1, \ldots, \lambda_n$ は実数である．

A が実行列のときには直交行列 Q による相似変換で対角ブロックの次数がたかだか 2 のブロック上三角行列にすることができる．

これらの分解は連立一次方程式のときの LU 分解のような決められた回数の計算で行えるわけではない．非線形問題となるため，反復によってこのような形に変形していくことになる．

Schur 分解を求める方法として **QR アルゴリズム**(QR algorithm) がある．

行列を $A_1 = A$ とし，A_1 の QR 分解を求める．

$$A_1 = Q_1 R_1.$$

ここで A_2 を

$$A_2 = Q_1^H A_1 Q_1$$

とする．同様に

$$A_{k+1} = Q_k^H A_k Q_k, \quad k = 1, 2, \ldots$$

によって行列の列を求めていく．

QR 分解の計算量は $O(n^3)$ であるため，このような変換を何度も行うとその計算量は非常に大きくなる．そこで直接 A に対してこのような変換を行わず，まず A を上 **Hessenberg 行列**に変換しておく．ここで上 Hessenberg 行列とは，その要素を a_{ij} としたとき $i > j+1$ のとき $a_{ij} = 0$ となる行列である．

A_1 が上 Hessenberg 行列のとき，A_k もまた上 Hessenberg 行列になる．上 Hessenberg 行列は上三角行列に近い形をしており，このような行列の QR 分解の計算量は $O(n^2)$ である．

MATLAB では固有値と固有ベクトルを求める関数として `eig` がある．Scilab では関数名が異なり `spec` である．

固有値を求める例を示す．

```
─MATLAB─
>> A = [1 2 ; 2 1];
>> [V,D] = eig(A);
>> V
V =
   -0.7071    0.7071
    0.7071    0.7071
>> diag(D)
ans =
    -1
     3
```

Scilabでは関数名が spec となるが MATLAB と同じように利用できる．

―――――Scilab―――――
```
--> A = [1 2 ; 2 1];
--> [V,D] = spec(A);
--> V
 V =
! - .7071068     .7071068 !
!   .7071068     .7071068 !
--> diag(D)
 ans =
! - 1. !
!   3. !
```

行列 A, B に対して

$$Ax = \lambda Bx, \quad x \neq 0$$

をみたす λ と x を求める問題は**一般化固有値問題**という．A, B が対称で B が正定値のときには

$$B = LL^T$$

と分解すると，一般化固有値問題は

$$L^{-1}A(L^T)^{-1}L^T x = \lambda L^T x$$

と変形できる．ここで $\tilde{A} = L^{-1}A(L^T)^{-1}$, $\tilde{x} = L^T x$ とおくと

$$\tilde{A}\tilde{x} = \lambda \tilde{x}$$

となり，標準固有値問題に帰着する．

B が LL^T に分解できないときには上記のような方法は使えない．B の分解を用いないで一般化固有値問題を解く方法として **QZ アルゴリズム**(QZ algorithm) がある．

MATLABの関数 `eig` では一般化固有値問題を次のようにして解くことができる.

───────────────── MATLAB & Scilab ─────────────────
```
>> A = [1 2 ; 2 1];
>> B = [1 0; 0 0];
>> eig(A,B)      % Scilabではspec(A,B)
ans =
    -3
   Inf
```

この場合 B は正則ではなく,固有値の1つが無限大になっている.

6.2 べき乗法

6.2.1 固有ベクトルの計算

絶対値最大の固有値に属する固有ベクトルを求める方法として**べき乗法**がある. n 個の固有値を $\lambda_1, \lambda_2, \ldots, \lambda_n$ とし,

$$|\lambda_1| > |\lambda_2| \geq |\lambda_3| \geq \cdots \geq |\lambda_n|$$

をみたすとする. λ_i に対応する固有ベクトルを u_i とすると

$$Au_i = \lambda_i u_i$$

の関係がある.

適当な初期ベクトル $x^{(0)}$ を与える. $x^{(0)}$ は

$$x^{(0)} = c_1 u_1 + c_2 u_2 + \cdots + c_n u_n, \quad c_1 \neq 0$$

と固有ベクトルで展開できるとする. このベクトルに A をかけて

$$x^{(k)} = Ax^{(k-1)}, \quad k = 1, 2, \ldots$$

によって順にベクトル $\bm{x}^{(k)}$ を求める．

このとき，

$$\bm{x}^{(1)} = A\bm{x}^{(0)} = c_1 A\bm{u}_1 + c_2 A\bm{u}_2 + \cdots + c_n A\bm{u}_n$$
$$= c_1 \lambda_1 \bm{u}_1 + c_2 \lambda_2 \bm{u}_2 + \cdots + c_n \lambda_n \bm{u}_n$$

となる．

同様にして，

$$\bm{x}^{(k)} = A\bm{x}^{(k-1)} = c_1 \lambda_1^k \bm{u}_1 + c_2 \lambda_2^k \bm{u}_2 + \cdots + c_n \lambda_n^k \bm{u}_n$$
$$= c_1 \lambda_1^k \left\{ \bm{u}_1 + \frac{c_2}{c_1} \left(\frac{\lambda_2}{\lambda_1} \right)^k \bm{u}_2 + \cdots + \frac{c_n}{c_1} \left(\frac{\lambda_n}{\lambda_1} \right)^k \bm{u}_n \right\}$$

となる．

仮定から $|\lambda_i/\lambda_1| < 1, i \neq 1$ であるので k を大きくすると λ_1 に対応する固有ベクトル成分 $c_1 \lambda_1^k \bm{u}_1$ がしだいに優勢となる．

λ_1^k は k に従って大きくなるか小さくなってしまう可能性があるため，$\bm{x}^{(k)}$ を計算したときに $\|\bm{x}^{(k)}\|_2 = 1$ となるようにベクトルの大きさを正規化しておく．初期ベクトル $\bm{x}^{(0)}$ は乱数によって成分を与えることが多い．

6.2.2 固有値の計算

$A\bm{u} = \lambda \bm{u}$ のとき，

$$\frac{(\bm{u}, A\bm{u})}{(\bm{u}, \bm{u})} = \frac{(\bm{u}, \lambda \bm{u})}{(\bm{u}, \bm{u})} = \lambda \frac{(\bm{u}, \bm{u})}{(\bm{u}, \bm{u})} = \lambda$$

の関係が成り立つことから，固有ベクトルの十分によい近似値がわかれば固有値 λ を求めることができる．

べき乗法で求めた固有ベクトルの近似 $\bm{x}^{(k)}$ を用いて上式の計算をすると，$(\bm{x}^{(k)}, \bm{x}^{(k)}) = 1$ と正規化してあるとき，

$$\frac{(\bm{x}^{(k)}, A\bm{x}^{(k)})}{(\bm{x}^{(k)}, \bm{x}^{(k)})} = (\bm{x}^{(k)}, \bm{x}^{(k+1)})$$

が成り立つ．したがって，べき乗法の反復中で

$$\lambda^{(k)} = (\boldsymbol{x}^{(k)}, \boldsymbol{x}^{(k+1)})$$

として，固有値の近似値を求めることができる．

Web ページの人気ランキング

ここでインターネット上の Web ページとそれを見ている人がリンクをたどる様子について次のようなモデルを考えてみる．
- ページ数は全部で n．
- i 番目のページは x_i の割合で人が見ているとする．
- j 番目のページから i 番目のページに移動する確率を a_{ij} とする．

このとき全員がリンクをたどって 1 回移動したとき，i 番目のページを見ている人の割合は

$$x_i' = a_{i1}x_1 + a_{i2}x_2 + \cdots + a_{in}x_n$$

となる．

はじめに各ページにいる人の割合を $x_1^{(0)}, x_2^{(0)}, \ldots, x_n^{(0)}$ とする．このとき全員が 1 回移動したときの分布は

$$x_i^{(1)} = \sum_{j=1}^{n} a_{ij} x_j^{(0)}, \quad i = 1, 2, \ldots, n$$

となる．ベクトルを

$$\boldsymbol{x}^{(0)} = (x_1^{(0)}, x_2^{(0)}, \ldots, x_n^{(0)})^T$$

および

$$\boldsymbol{x}^{(1)} = (x_1^{(1)}, x_2^{(1)}, \ldots, x_n^{(1)})^T$$

とおき，行列 A を

$$A = \begin{pmatrix} a_{11} & a_{12} & \cdots & a_{1n} \\ a_{21} & a_{22} & \cdots & a_{2n} \\ \vdots & \vdots & & \vdots \\ a_{n1} & a_{n2} & \cdots & a_{nn} \end{pmatrix}$$

とおくと，
$$\boldsymbol{x}^{(1)} = A\boldsymbol{x}^{(0)}$$
と表すことができる．k 回移動をしたときは，
$$\boldsymbol{x}^{(k)} = A\boldsymbol{x}^{(k-1)}, \quad k = 1, 2, \ldots$$
のようになる．これはまさしく $\boldsymbol{x}^{(0)}$ を初期ベクトルとしたべき乗法になっており，最大固有値に対応した固有ベクトルが得られる．

何度も移動を繰り返していると徐々に人気のあるページに人が集まってくると考えられるので，べき乗法によって求めた固有ベクトルの要素の中で値が大きいものほど多くの人が集まっており，人気があるものとみなす．

i 番目のページから他のページにはられているリンク数を n_i とし，どのページに移動する確率も同じであるとすると，移動確率は $1/n_i$ となる．

6.3 逆反復法

べき乗法は絶対値最大の固有値と対応する固有ベクトルを求める方法であるが，次のような関係を利用して任意の固有値を求めることができる．これは**逆反復法**とよばれる．

固有値の近似値 σ が与えられたとする．
$$G = (\sigma I - A)^{-1}$$
とおくと，
$$G\boldsymbol{u}_i = \frac{1}{\sigma - \lambda_i}\boldsymbol{u}_i$$
が成り立つ．σ が λ_i に十分に近く，他の固有値は λ_i と異なるとすると
$$\left|\frac{1}{\sigma - \lambda_i}\right| > \left|\frac{1}{\sigma - \lambda_j}\right|, \quad j \neq i$$
となるため，$1/(\sigma - \lambda_i)$ は行列 G の絶対値最大の固有値となる．したがって，G に対してべき乗法を適用し
$$\boldsymbol{x}^{(k)} = G\boldsymbol{x}^{(k-1)}$$

を計算することで，λ_i に対応する固有ベクトル u_i が得られる．

この計算は連立一次方程式

$$(\sigma I - A)x^{(k)} = x^{(k-1)}$$

を $x^{(k)}$ について解くことで進められる．A が密行列のときにはあらかじめ LU 分解して

$$\sigma I - A = LU$$

となる L, U を求めておくと，この分解で $O(n^3)$ の計算量を要するが，$x^{(k)}$ の計算では

$$LUx^{(k)} = x^{(k-1)}$$

を解くことになり，$O(n^2)$ の計算量となる．

6.4 Lanczos 法

行列 A が対称のとき，疎行列向きの固有値解法として **Lanczos 法**(Lanczos method) がある．

直交行列 Q を

$$Q = (q_1, q_2, \ldots, q_n)$$

とし，T は3重対角行列

$$T = \begin{pmatrix} \alpha_1 & \beta_1 & & & \\ \beta_1 & \alpha_2 & \beta_2 & & \\ & \ddots & \ddots & \ddots & \\ & & \ddots & \ddots & \beta_{n-1} \\ & & & \beta_{n-1} & \alpha_n \end{pmatrix}$$

とする．Q によって A を

$$Q^T A Q = T$$

のように相似変換する．

このとき

$$AQ = QT$$

より,
$$AQ = A(\boldsymbol{q}_1, \boldsymbol{q}_2, \ldots, \boldsymbol{q}_n) = (A\boldsymbol{q}_1, A\boldsymbol{q}_2, \ldots, A\boldsymbol{q}_n)$$

と
$$\begin{aligned}
QT &= (\boldsymbol{q}_1, \boldsymbol{q}_2, \ldots, \boldsymbol{q}_n)T \\
&= (\boldsymbol{q}_1, \boldsymbol{q}_2, \ldots, \boldsymbol{q}_n)\begin{pmatrix} \alpha_1 & \beta_1 & & & \\ \beta_1 & \alpha_2 & \beta_2 & & \\ & \ddots & \ddots & \ddots & \\ & & \ddots & \ddots & \beta_{n-1} \\ & & & \beta_{n-1} & \alpha_n \end{pmatrix}
\end{aligned}$$

を比べることで,
$$\begin{cases} A\boldsymbol{q}_1 = \alpha_1 \boldsymbol{q}_1 + \beta_1 \boldsymbol{q}_2 \\ A\boldsymbol{q}_2 = \beta_1 \boldsymbol{q}_1 + \alpha_2 \boldsymbol{q}_2 + \beta_2 \boldsymbol{q}_3 \\ A\boldsymbol{q}_3 = \beta_2 \boldsymbol{q}_2 + \alpha_3 \boldsymbol{q}_3 + \beta_3 \boldsymbol{q}_4 \\ \quad \vdots \\ A\boldsymbol{q}_n = \beta_{n-1} \boldsymbol{q}_{n-1} + \alpha_n \boldsymbol{q}_n \end{cases}$$

の関係を得る.

これより $\boldsymbol{q}_{k-1}$, $\boldsymbol{q}_k$, $\boldsymbol{q}_{k+1}$ は 3 項漸化式
$$\boldsymbol{q}_{k+1} = (A\boldsymbol{q}_k - \alpha_k \boldsymbol{q}_k - \beta_{k-1} \boldsymbol{q}_{k-1})/\beta_k$$

の関係があることがわかる.

$(\boldsymbol{q}_k, \boldsymbol{q}_{k+1}) = 0$, $(\boldsymbol{q}_k, \boldsymbol{q}_{k-1}) = 0$ となるためには,
$$\alpha_k = (\boldsymbol{q}_k, A\boldsymbol{q}_k)$$

となる.また, $\|\boldsymbol{q}_{k+1}\| = 1$ となるためには
$$\beta_k = \|A\boldsymbol{q}_k - \beta_{k-1} \boldsymbol{q}_{k-1} - \alpha_k \boldsymbol{q}_k\|$$

となる.

これより Lanczos 法のアルゴリズムは次のようになる.

$\|q_1\| = 1$ となる初期ベクトル q_1 を与える
$p_1 = Aq_1$
for $k = 1, 2, \ldots$
$\quad \alpha_k = (q_k, p_k)$
$\quad r_k = p_k - \alpha_k q_k$
$\quad \beta_k = \|r_k\|$
$\quad q_{k+1} = r_k / \beta_k$
$\quad p_{k+1} = Aq_{k+1} - \beta_k q_k$
end

このようにして求めた3重対角行列 T の固有値は A の固有値と一致する．しかし，実際にはこの計算は不安定で途中で誤差の影響によりベクトルの直交性は崩れることが多い．

そのため，このような計算を途中でやめ，その結果から固有値の近似値を求める．$q_1, \ldots, q_k$ を列ベクトルとする行列を

$$Q_k = (q_1, \ldots, q_k)$$

とし，

$$T_k = Q_k^T A Q_k$$

とおく．このとき

$$AQ_k = Q_k T_k + \beta_k q_{k+1} e_k^T$$

である．ここで

$$e_k^T = (0, 0, \ldots, 0, 1).$$

T_k の固有値は **Ritz 値**(Ritz value) とよばれる．この T_k の固有値を A の固有値の近似値として用いるのが不完全 Lanczos 法である．

ここで Lanczos 法のプログラム例を示す．実用では T は `Q'*A*Q` で計算しないことに注意する．

6.4 Lanczos 法

MATLAB & Scilab

```
n = 4;
A = diag([1 -1 5 5.1]); A(2,1) = -1; A(1,2) = -1;
v = rand(n,1);
q1 = v/norm(v,2);
p1 = A*q1;
Q = q1; T = Q'*A*Q;
y = eig(T);
disp(sprintf('k = %d:',1));    % Scilabでは mprintf
for i=1:length(y)
    disp(sprintf('%3d %18.15f',i,y(i)));
end
for k=1:n
    alpha(k) = q1'*p1;
    r1 = p1 - alpha(k)*q1;
    beta(k) = norm(r1);
    q2 = r1/beta(k);
    p2 = A*q2 - beta(k)*q1;
    if k==n
        break;
    end
    Q = [Q q2]; T = Q'*A*Q;
    y=eig(T);
    disp(sprintf('k = %d:',k+1));
    for i=1:length(y)
        disp(sprintf('%3d %18.15f',i,y(i)));
    end
    p1 = p2;
    q1 = q2;
end
```

このプログラムを `lanczos.m` として保存し，MATLABにおいて実行した結果は次のようになる．

```
>> lanczos
k = 1:
    1   1.767840736055973
k = 2:
    1  -0.818594746476902
    2   4.562570342964988
k = 3:
    1   5.007795303255623
    2  -1.414020990875607
    3   1.415416524611720
k = 4:
    1  -1.414213562373095
    2   1.414213562373095
    3   4.999999999999996
    4   5.100000000000009
```
──MATLAB

ただし,初期ベクトルは乱数で与えているため,途中の値は初期ベクトルによって異なる.固有値は次のようになり,$k=4$ のときに4個の固有値が求められていることがわかる.

```
>> eig(A)
ans =
   -1.41421356237309
    1.41421356237309
    5.00000000000000
    5.10000000000000
```
──MATLAB

第7章 非線形方程式の解法

関数 $f(x)$ が高次の多項式であったり指数関数や三角関数などを含んでいるときには，一般的には解の公式は存在しない．このような場合には，まず適当な解の近似値を出発点にして新しい近似解を求める．これを繰り返すことでよりよい解を求めていく．このような方法は反復法とよばれる．本章では，非線形方程式 $f(x) = 0$ の解を求める反復法について述べる．

7.1 非線形方程式の解を求める関数

多項式のとき

多項式
$$f(x) = a_0 + a_1 x + \cdots + a_{n-1} x^{n-1} + a_n x^n$$
の零点を求める関数は MATLAB では `roots` である．

次の例では
$$f(x) = x^4 - 5x^3 + 5x^2 + 5x - 6$$
の零点を求めている．この多項式の零点 $-1, 1, 2, 3$ が得られている．

```
                                                        ┌─MATLAB─
>> f = [1 -5 5 5 -6];
>> z = roots(f)
z =
         3
        -1
         2
         1
```

Scilabでも多項式の零点を求める関数は roots であり，次のように用いる．

```
                                                        ┌─Scilab─
--> x = poly(0,'x');
--> f = x^4-5*x^3+5*x^2+5*x-6;
--> roots(f)
 ans =
!   1. !
! - 1. !
!   2. !
!   3. !
```

■ 多項式でないとき ■

$f(x)$ が多項式でないときには MATLAB では関数 fzero を用いる．これは引数として関数と適当な解の近似値を与える．次の例では $f(x) = \cos x - x$ とし，初期値を $x = 1$ として $f(x) = 0$ の解を求めている．

```
                                                        ┌─MATLAB─
>> z = fzero(inline('cos(x)-x'),1)
z =
      0.73909
```

7.1 非線形方程式の解を求める関数

ここでは関数を inline によって与えている．
Scilab では fsolve であり，引数として初期値，関数の順で与える．

```scilab
--> deff('[y]=f(x)','y = cos(x)-x');
--> fsolve(1,f)
 ans  =
     .7390851
```

導関数も利用することができる．

```scilab
--> deff('[y]=f(x)','y = cos(x)-x');
--> deff('[y]=df(x)','y = -sin(x)-1');
--> fsolve(1,f,df)
 ans  =
     .7390851
```

関数の定義において y をベクトルとすることで，多変数の場合でも適用できる．

■■■■ コンパニオン行列 ■■■■

最高次の係数が 1 の多項式をモニック (monic) という．モニックな n 次の多項式

$$f(x) = a_0 + a_1 x + \cdots + a_{n-1} x^{n-1} + x^n$$

に対して次のような行列，

$$C_F = \begin{pmatrix} 0 & 0 & \cdots & \cdots & 0 & -a_0 \\ 1 & 0 & & \cdots & \vdots & -a_1 \\ 0 & 1 & 0 & & \vdots & -a_2 \\ \vdots & & \ddots & \ddots & \vdots & \vdots \\ 0 & \cdots & \cdots & 1 & 0 & -a_{n-2} \\ 0 & \cdots & 0 & 0 & 1 & -a_{n-1} \end{pmatrix}$$

は Frobenius のコンパニオン行列とよばれる．この行列の固有値は多項式 $f(x)$ の零点と一致する．

MATLAB や Scilab では，このコンパニオン行列の固有値を求めることで多項式の零点を求めている．

7.2 関数の近似と反復法

方程式 $f(x) = 0$ の 1 つの解を x^* とし，$x^{(0)}$ を x^* の近似値とする．$x^{(0)}$ における関数 $f(x)$ の近似を $\hat{f}(x)$ とする．$\hat{f}(x) = 0$ の解を求め，これを $f(x) = 0$ の解の新しい近似解とする．

この新しい近似解を $x^{(1)}$ とおいたとき，適当な関数 $\Phi(x)$ を用いて

$$x^{(1)} = \Phi(x^{(0)})$$

と表す．$x^{(1)}$ で同様の計算を行うことで $x^{(2)}$ を得る．これを繰り返し，

$$x^{(\nu+1)} = \Phi(x^{(\nu)}), \quad \nu = 0, 1, \ldots$$

のようにすると近似解の列を得ることができる．

近似法として $x^{(0)}$ における Taylor 展開を用いてみる．$x^{(0)}$ における $f(x)$ の Taylor 展開は，

$$f(x) = f(x^{(0)}) + f'(x^{(0)})(x - x^{(0)}) + \frac{f''(x^{(0)})}{2!}(x - x^{(0)})^2 + \cdots$$

と表される．

Newton 法は $f(x) = 0$ の代わりに 2 次以上の項を省いた 1 次式について

$$\tilde{f}(x) = f(x^{(0)}) + f'(x^{(0)})(x - x^{(0)}) = 0$$

となる点を次の近似解とする．この1次式が0となる x を $x^{(1)}$ とおくと

$$x^{(1)} = x^{(0)} - \frac{f(x^{(0)})}{f'(x^{(0)})}$$

となる．$x^{(1)}$ において同様の操作をすることで $x^{(2)}$ を得る．これを繰り返すことで Newton 法の反復公式

$$x^{(\nu+1)} = x^{(\nu)} - \frac{f(x^{(\nu)})}{f'(x^{(\nu)})}, \quad \nu = 0, 1, \ldots$$

を得る．

1次式の代わりに2次式を用いて，2次方程式

$$f(x^{(0)}) + f'(x^{(0)})(x - x^{(0)}) + \frac{f''(x^{(0)})}{2!}(x - x^{(0)})^2 = 0$$

の2つの解を次の近似解として利用する方法も考えられる．

2つの得られた近似解のうち，$x^{(0)}$ に近い方を新しい近似解として反復を繰り返すと Euler 法が得られる．

2点 $x^{(\nu-1)}$, $x^{(\nu)}$ を補間点とする1次式は

$$\hat{f}(x) = \frac{f(x^{(\nu)}) - f(x^{(\nu-1)})}{x^{(\nu)} - x^{(\nu-1)}}(x - x^{(\nu)}) + f(x^{(\nu)})$$

となり，この零点を次の近似解にすると反復の式は

$$x^{(\nu+1)} = x^{(\nu)} - \frac{f(x^{(\nu)})(x^{(\nu)} - x^{(\nu-1)})}{f(x^{(\nu)}) - f(x^{(\nu-1)})}$$

となる．これは割線法とよばれる．

$x^{(\nu)}$ において分子が1次，分母が1次の有理式

$$\frac{x - \alpha}{\beta_1 x + \beta_0}$$

によって $f(x)$ を近似する．このときこの有理式と $f(x)$ の2次の Taylor 展開係数までが一致するように係数を決め，分子の零点 α を新しい近似解とす

ると次のような Halley 法の反復公式が得られる．

$$x^{(\nu+1)} = x^{(\nu)} - \frac{f(x^{(\nu)})}{f'(x^{(\nu)}) - \dfrac{f(x^{(\nu)})f''(x^{(\nu)})}{2f'(x^{(\nu)})}}, \quad \nu = 0, 1, \ldots$$

いま，近似解 $x^{(0)}$ は解 x^* に十分に近いとする．また，$f'(x)$ は解の近くで 0 にならないとする．このとき Taylor の定理より，

$$f(x) = f(x^{(0)}) + f'(x^{(0)})(x - x^{(0)}) + \frac{f''(\xi)}{2!}(x - x^{(0)})^2$$

となる ξ が $x^{(0)}$ と x^* の間に存在する．x^* は $f(x) = 0$ の解であることから，

$$0 = f(x^*) = f(x^{(0)}) + f'(x^{(0)})(x^* - x^{(0)}) + \frac{f''(\xi)}{2!}(x^* - x^{(0)})^2$$

である．これより

$$x^{(0)} - \frac{f(x^{(0)})}{f'(x^{(0)})} - x^* = \frac{f''(\xi)}{2f'(x^{(0)})}(x^* - x^{(0)})^2$$

を得る．よって

$$|x^{(1)} - x^*| = \left|\frac{f''(\xi)}{2f'(x^{(0)})}\right| \cdot \left|x^* - x^{(0)}\right|^2$$

となる．これは Newton 法によって一回反復した近似解 $x^{(1)}$ の誤差が $x^{(0)}$ の誤差の 2 乗に比例することを示している．このようなとき 2 次収束という．

次の例は $1, 1 \pm 2i, 2 \pm i, 3$ を零点に持つ 6 次の多項式に対して，初期近似値を $3 + 2i$ として Newton 法を適用している．

7.3 複数の解を見つける同時反復法

```
>> zz = [1 1+2*i 1-2*i 2+i 2-i 3];
>> f = poly(zz);
>> df = polyder(f);
>> x0 = 3+2*i;
>> xx = [x0];
>> for k=1:6
       f0 = polyval(f,x0);
       df0 = polyval(df,x0);
       x1 = x0 - f0/df0;
       xx = [xx x1];
       x0 = x1;
>> end
>>
>> plot(real(zz),imag(zz),'+','MarkerSize',12);
>> hold on;
>> plot(real(xx),imag(xx),'o-','MarkerSize',8);
>> xlim([0 4]);
>> ylim([-3 3]);
>> hold off;
```

図7.1に結果のグラフを示す．＋は複素平面上での多項式の零点の位置を表し，○は近似解の位置を表している．近似解が反復によって1つの解に近づいていることがわかる．

7.3 複数の解を見つける同時反復法

Newton法やEuler法は1つの近似解を与えて方程式の1つの解を求める．これに対して複数の近似解を与えて，それぞれが別の解に収束する方法は同時反復解法とよばれている．

n個の近似解を
$$x_1^{(0)}, x_2^{(0)}, \cdots, x_n^{(0)}$$

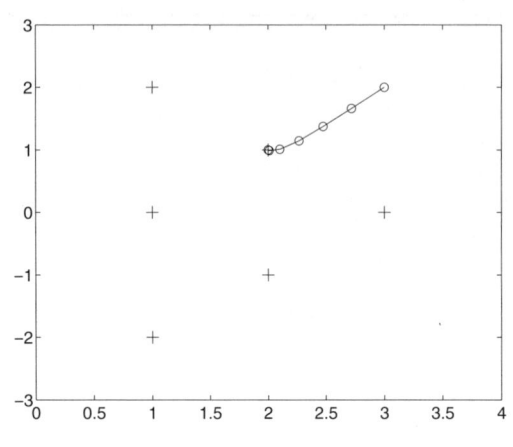

図 **7.1** Newton 法の近似解

とする.
$x_1^{(0)}, \ldots, x_n^{(0)}$ はそれぞれ $f(x) = 0$ の解 $\xi_1, \ldots, \xi_n$ に十分に近いとする.
関数 $g_k(x)$ を

$$g_k(x) = \frac{f(x)}{\displaystyle\prod_{j=1, j\neq k}^{n} (x - x_j^{(0)})}$$

とする.
Newton 法の反復公式の中で, $f'(x_k^{(0)})$ の近似値として

$$\prod_{j=1, j\neq k}^{n} (x_k^{(0)} - x_j^{(0)})$$

を用いると, 次のような反復公式が得られる.

$$x_k^{(1)} = x_k^{(0)} - \frac{f(x)}{\displaystyle\prod_{j=1, j\neq k}^{n} (x - x_j^{(0)})}, \quad k = 1, 2, \ldots, n.$$

これは Durand-Kerner 法とよばれている.
$f(x)$ の代わりに $g_k(x)$ に対する Newton 法を考えると

$$x_k^{(1)} = x_k^{(0)} - \frac{g_k(x_k^{(0)})}{g_k'(x_k^{(0)})}$$

$$= x_k^{(0)} - \frac{f(x_k^{(0)})}{f'(x_k^{(0)}) - f(x_k^{(0)}) \sum_{j=1, j \neq k}^{m} \frac{1}{x_k^{(0)} - x_j^{(0)}}},$$
$$k = 1, 2, \ldots, n.$$

が得られる．これは Aberth 法とよばれている．

Durand-Kerner 法の実行例を示す．初期値は中心 1.5, 半径 2.5 の円周上に等間隔に分布させている．

```MATLAB
zz = [1 1+2*i 1-2*i 2+i 2-i 3 0];
n = length(zz);
f = poly(zz);
x0 = 1.5 + 2.5*exp(2*pi*i/n*((0:n-1)+2/3));
xx = [x0];

for j=1:8
    f0 = polyval(f,x0);
    df0 = polyval(df,x0);
    for k=1:n
        s(k)=prod(x0(k)-x0(1:k-1)).*prod(x0(k)-x0(k+1:n));
    end
    x1 = x0 - f0./s;
    xx = [xx; x1];
    x0 = x1;
end

plot(real(zz),imag(zz),'+','MarkerSize',12);
hold on;
plot(real(xx),imag(xx),'o-','MarkerSize',8);
xlim([-1 4]);
ylim([-3 3]);
hold off;
```

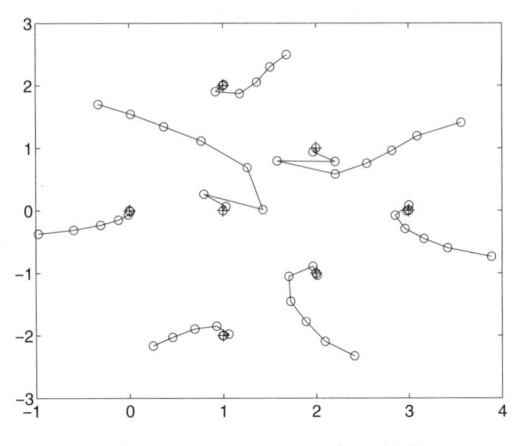

図 **7.2** Durand-Kerner 法の近似解

図 7.2 に実行結果のグラフを示す．○ は複素平面上での各近似解の位置を表し，$f(x) = 0$ の 6 個の解に向かってそれぞれの近似解が近づいている．

7.4 反復の停止

反復によって方程式の解を求めるとき，関数値などの計算は有限桁で行うため反復を繰り返すといくらでも解に近づくわけではない．

ここで，$f(x)$ が多項式の場合に関数値の大きさをみて反復を停止する方法を示す．多項式

$$f(x) = a_0 + a_1 x + \cdots + a_n x^n$$

の $x = \alpha$ での関数値の計算は，以下のような方法が用いられる．

$r \leftarrow a_n$
for $k = n-1, n-2, \ldots, 0$
　　$r \leftarrow r \times \alpha + a_k$
end

これは **Horner 法** とよばれ，$r = f(\alpha)$ となる．この計算の過程でどの程度の大きさの値が表れるかを次のようにして見積もる．

7.4 反復の停止

$r \leftarrow |a_n|$
for $k = n-1, n-2, \ldots, 0$
    $r \leftarrow r \times |\alpha| + |a_k|$
end
$M \leftarrow r \times \epsilon$

ここで ϵ はマシンイプシロンである．この基準値より $|f(\alpha)|$ が小さくなったとき，これ以上反復しても近似解は改善されないと判断し，反復を停止する．
多項式
$$f_1(x) = x^4 - 5x^3 + 5x^2 + 5x - 6$$
に対して初期値を $x^{(0)} = 0.999$ として Newton 法を適用したときの反復回数 ν，近似解 $x^{(\nu)}$，関数値の絶対値 $|f(x^{(\nu)})|$，そのときの収束判定の基準値を計算すると次のようになった．

―――――MATLAB & Scilab―
```
0:   0.999000000000000    4.0e-03    4.9e-15
1:   0.999999002495011    4.0e-06    4.9e-15
2:   0.999999999999005    4.0e-12    4.9e-15
3:   1.000000000000000    8.9e-16    4.9e-15
```

近似解は 2 次収束しており，3 回の反復で関数値が基準値を下回っている．このとき，近似解はほぼ全桁解と一致している．
次に
$$f_2(x) = x^4 - 4x^3 + 6x^2 - 4x + 1$$
について，同様の計算をすると以下のようになり，近似解はゆっくりと解に近づいていることがわかる．

```
 0:   0.999000000000000   1.0e-12   3.5e-15
 1:   0.999249966721064   3.2e-13   3.5e-15
 2:   0.999437577662808   1.0e-13   3.5e-15
 3:   0.999578301877670   3.2e-14   3.5e-15
 4:   0.999683786797397   1.0e-14   3.6e-15
 5:   0.999765425039910   2.9e-15   3.6e-15
 6:   0.999821334209014   1.1e-15   3.6e-15
 7:   0.999869999798549   4.4e-16   3.6e-15
 8:   0.999920538030722   2.2e-16   3.6e-15
 9:   1.000031157499748   1.1e-16   3.6e-15
10:   0.999112039852689   6.2e-13   3.5e-15
```

― MATLAB & Scilab

6回の反復で関数値の絶対値が基準値を下回っているが，それ以上反復を繰り返すと10回目ではむしろ関数値が大きくなってしまっている．また，近似解は4桁程度までしか一致していない．

$f_1(x)$ と $f_2(x)$ はそれぞれ

$$f_1(x) = (x-1)(x+1)(x-2)(x-3)$$

および

$$f_2(x) = (x-1)^4$$

を展開したものであり，$f_2(x)$ では $x = 1$ の解の多重度は 4 となっている．

一般に多重度が m の場合には，近似解の精度は計算に用いる桁数の $1/m$ 程度しか得られない．

また，Newton法などでは多重度が2以上の解に対して2次収束にならず，多くの反復回数を要する．$f(x)$ の多重度が2以上の零点でも，$f(x)/f'(x)$ では多重度が1になるため，$f(x)$ の代わりに $f(x)/f'(x)$ に対して Newton 法を適用すると解の多重度にかかわらず2次収束する方法が得られる．

次に $x = 1, 2, \ldots, 20$ に零点を持つ多項式，

$$f_3(x) = (x-1)(x-2)\cdots(x-19)(x-20)$$

7.4 反復の停止

$$= x^{20} - 210x^{19} + 20615x^{18} + \cdots$$

に対して同様の計算をしてみる．この多項式の零点の多重度はすべて 1 である．

```
─────────────────────────────────MATLAB & Scilab─
    0:  0.999000000000000   1.2e+14   1.1e+04
    1:  0.999996466383547   4.3e+11   1.1e+04
    2:  0.999999999955713   5.4e+06   1.1e+04
    3:  1.000000000000004   5.1e+02   1.1e+04
    4:  1.000000000000009   5.1e+02   1.1e+04
    5:  1.000000000000013   5.1e+02   1.1e+04
```

3 回の反復で関数値は基準値を下回っている．このとき近似解は 15 桁程度まで解と一致しており，それ以上反復しても改善はされない．ただし，関数値は 500 程度の大きさになっている．これは，この多項式では関数値の計算の途中で大きな値が表れていることを示している．

$x^{(0)} = 15.2$ では次のようになった．

```
─────────────────────────────────MATLAB & Scilab─
    0:  15.199999999999999   2.3e+12   2.1e+12
    1:  15.017827467670044   3.7e+11   1.8e+12
    2:  14.983847492009909   2.1e+11   1.7e+12
    3:  15.005011464699503   5.0e+10   1.8e+12
    4:  15.000261106519210   5.9e+10   1.8e+12
    5:  14.994563188067719   1.7e+11   1.7e+12
```

この反復では 1 つの解 $x = 15$ を求めている．1 回の反復ですでに基準値に近い．近似解は 3 桁程度しか解と一致していないが，反復を繰り返してもこれ以上の改善は見られない．解の多重度が 1 であっても解の配置によっては精度良く求めることはできない場合がある．

第8章

常微分方程式と数値積分

　常微分方程式を数値的に解いたり，定積分の値を数値計算で求めるとき，対象となる関数の近似が基本となる．このとき，計算方法の安定性にも注意を払う必要がある．本章では，常微分方程式と数値積分のための MATLAB と Scilab の関数について簡単に説明する．

8.1 常微分方程式の解法

　次のような常微分方程式の初期値問題

$$\begin{cases} \dot{y}_1 = f_1(t, y_1, \ldots, y_n), & y_1(t_0) = y_{10} \\ \dot{y}_2 = f_2(t, y_1, \ldots, y_n), & y_2(t_0) = y_{20} \\ \quad \vdots & \quad \vdots \\ \dot{y}_n = f_n(t, y_1, \ldots, y_n), & y_n(t_0) = y_{n0} \end{cases}$$

を解くことを考える．ここで，$\dot{y}_i = dy_i/dt$ で，$y_{i0}, i = 1, \ldots, n$ は初期条件である．

　この方程式はベクトルで表記すると

$$\dot{\boldsymbol{y}} = \boldsymbol{f}(t, \boldsymbol{y}), \quad \boldsymbol{y}(t_0) = \boldsymbol{y_0}$$

のようになる．

　MATLAB や Scilab では常微分方程式を解く関数がいくつか用意されており，与える問題によって方法を選択する．解法には**陽的な方法**(expricit method) と**陰的な方法**(implicit method) がある．比較的簡単な問題では陽的な方法がよいが，**硬い問題**(stiff problems) では陰的な方法を選んだ方がよい．

MATLABでは，陽的な方法として関数 ode45，陰的な方法として関数 ode15s がある．

ここで45や15などの関数名の後ろに付いている数字は用いる方法の次数を示しており，45は4次と5次の方法，15は1次から5次の方法を用いている．また s は硬い(stiff)問題向きの方法であることを示している．MATLABではこの他にも ode23, ode113, ode23s が用意されている．

Scilabでは関数 ode を

[y] = ode([type], y0, t0, t, f)

のように用いる．引数の type によって方法を選択することができる．

"adams"　　Adams の予測子修正子法，type を省略するとこの方法が用いられる
"stiff"　　硬い問題のときに選択する
"rk"　　適応型4次の Runge-Kutta 法
"rkf"　　4次と5次の Fehlberg の Runge-Kutta 法
"fix"　　"rkf"と同じ方法だが使い方が簡単になっている
"root"　　関数の零点を利用する
"discrete"　　離散時間シミュレーション

方程式が高階導関数を含むときには，高階導関数を別の変数として多変数の1階の方程式に帰着させる．次のような方程式が与えられたとする．

$$\ddot{x} - \alpha(1-x^2)\dot{x} - x = 0$$

ここで α は定数とし，$\dot{x} = dx/dt$, $\ddot{x} = d^2x/dt^2$ とする．変数を $y_1 = x$, $y_2 = dx/dt$ とおくと方程式は

$$\begin{cases} \dot{y}_1 = y_2 \\ \dot{y}_2 = \alpha(1-y_1^2)y_2 - y_1 \end{cases}$$

となり，2変数の1階の方程式になっている．

この微分方程式を解くために，関数を次のようにする．

```matlab
function ydot = f(t, y)
    alpha = 2;
    y1 = y(2) ;
    y2 = alpha*(1 - y(1)^2)*y(2) - y(1);
    ydot = [y1; y2];
```

関数 ode45 を用いて次のようにすると図 8.1 のような解が得られる.

```matlab
>> ts = 0:0.1:10;
>> y0 = [2; 0];
>> [t, y] = ode45('f', ts, y0);
>> plot(t, y(:,1), t, y(:,2), '--');
```

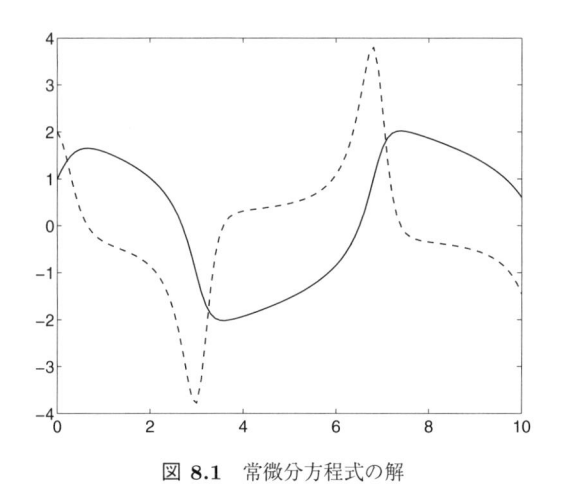

図 **8.1** 常微分方程式の解

Scilab では次のようにする.

```
                                                         ┌─ Scilab ─
deff('[ydot] = f(t,y)', [ 'alpha = 2;', 'y1 = y(2);', ...
   'y2 = alpha*(1 - y(1)^2)*y(2) - y(1);', ...
   'ydot = [y1; y2];']);
t = 0:0.1:10;
y0 = [2; 0];
t0 = 0;
y = ode(y0, t0, t, f);
plot(t,y);
```

8.2 数値積分の計算

次に，数値積分 (numerical integration) を計算する関数について示す．MATLABで数値積分をするには関数 quad を用いる．この関数は Simpson 公式 (Simpson's rule) を用いており，積分値の誤差の推定値が 10^{-6} より小さくなるまで計算をする．精度を指定するときは3番目の引数にその値を記述する．

次の積分，
$$\int_0^1 \frac{1}{1+x^2} = \frac{\pi}{4}$$
を計算する例を示す．ここでは関数 inline によって関数を定義し，quad の引数として与えている．

8.2 数値積分の計算

```
>> f = inline('1./(1+x.^2)');
>> Q = quad(f,0,1);
>> Q*4 - pi
ans =
  -5.6617e-08
>> Q = quad(f,0,1,1e-10);
>> Q*4 - pi
ans =
   3.7201e-12
```

2重積分は関数 dblquad を用いる．図 8.2 に被積分関数のグラフを示す．これは半球の体積を求めている．積分の結果と半球の体積との差は 10^{-5} 程度になっている．

```
>> Q = dblquad(inline('sqrt(max(1-(x.^2+y.^2),0))'),...
      -1,1,-1,1)
Q =
    2.0944
>> Q - 4*pi/3/2
ans =
   1.5843e-05

>> [x,y] = meshgrid(-1.2:0.1:1.2,-1.2:0.1:1.2);
>> mesh(x, y, sqrt(max(1-(x.^2+y.^2),0)));
```

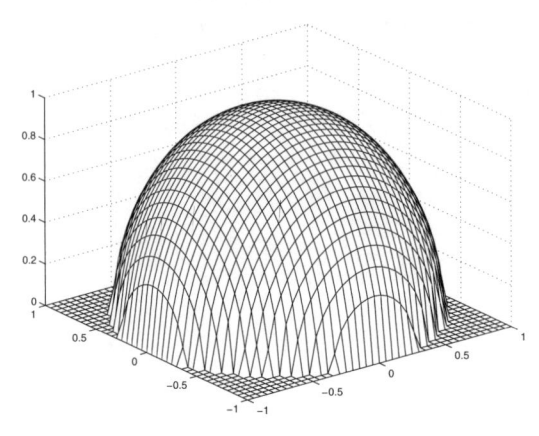

図 8.2 関数 $\sqrt{1-(x^2+y^2)}$ $(x^2+y^2 \leq 1)$ のグラフ

Scilab では関数 integrate を用いる．次の例では $1/(1+x^2)$ を x について 0 から 1 まで積分している．

```
--> integrate('1/(1+x^2)', 'x', 0, 1)
 ans  =
    .7853982
```
Scilab

deff を用いて関数を与えることもできる．

```
--> deff('[y] = f(x)', 'y = 1/(1+x^2)');
--> integrate('f(x)', 'x', 0, 1)
 ans  =
    .7853982
```
Scilab

2 重積分では関数 int2d を用いる．積分領域は三角形を組み合わせて表し，その頂点の 3 つの x 座標を列ベクトルとして並べた行列と 3 つの y 座標を列ベクトルとして並べた行列を与える．

領域が $0 \leq x \leq 1, 0 \leq y \leq 1$ の長方形は，頂点の座標が $(0,0), (1,0), (1,1)$

と $(0,0), (1,1), (0,1)$ の 2 つの三角形で表せる．このときには

$$X = \begin{pmatrix} 0 & 0 \\ 1 & 1 \\ 1 & 0 \end{pmatrix}, \quad Y = \begin{pmatrix} 0 & 0 \\ 0 & 1 \\ 1 & 1 \end{pmatrix}$$

となる．

次の例では $0 \leq x \leq 1$, $0 \leq y \leq 1$ の領域で半球の体積を求めている．

```
                                                            Scilab
--> deff('[z] = f(x,y)','z = sqrt(max(1-(x^2+y^2),0))');
--> X = [0 0; 1 1; 1 0];
--> Y = [0 0; 0 1; 1 1];
--> [s,er] = int2d(X, Y, f)
 er  =
     .001099
 s  =
     .523781
```

参 考 文 献

数値計算の教科書は数多く出版されているが，いくつか参考となる文献を挙げておくので，さらに進んだ学習をする際の参考にしていただきたい．

[1] 篠原能材：数値解析の基礎，日進出版，1978.
[2] 杉浦洋：数値計算の基礎と応用，サイエンス社，1997.
[3] 洲之内治男，石渡恵美子：数値計算　新訂版，サイエンス社，2002.
[4] 名取亮編，長谷川秀彦，櫻井鉄也，桧山澄子，周偉東，花田孝郎，北川高嗣：数値計算法，オーム社，1998.
[5] 森正武：FORTRAN77 数値計算プログラミング，岩波書店，1986.
[6] 森正武，名取亮，鳥居達生：数値計算，岩波書店，1982.
[7] G. W. Stewart：Afternotes on Numerical Analysis, SIAM, 1996.
[8] J. Store and R. Bulirsch：Introduction to Numerical Analysis, Springer-Verlag, New York, 1993.

各章の内容に関係した参考文献を挙げる．

MATLAB：
[9] 大石進一：MATLAB による数値計算，培風館，2001.
[10] 大石進一：Linux 数値計算ツール，コロナ社，2000.
[11] 小国力：MATLAB グラフィクス集，朝倉書店，1997.
[12] 芦野隆一，R. Vaillancourt：はやわかり MATLAB，共立出版，1997.

LaTeX：
[13] 野寺隆志：楽々LaTeX　第2版，共立出版，1994.

関数の近似：
[14] 一松信：初等関数の数値計算，教育出版，1974.
[15] A. Bultheel, M. Van Barel：Linear Algebra, Rational Approximation and Orthogonal Polynomials, Elsevier, 1997.

最小二乗法：

[16] 中川徹，小柳義夫：最小二乗法による実験データ解析，東京大学出版会，1982．

連立一次方程式，固有値問題：

[17] 名取亮：数値解析とその応用，コロナ社，1990．

[18] 名取亮：線形計算，朝倉書店，1993．

[19] 村田健郎，名取亮，唐木幸比古：大型数値シミュレーション，岩波書店，1990．

[20] 森正武，杉原正顯，室田一雄：線形計算，岩波書店，1994．

[21] 藤野清次，張紹良：反復法の数理，朝倉書店，1996．

[22] G.H. Golub, C.F. Van Loan：Matrix Computations 3rd Edition, The Johns Hopkins University Press, 1996.

[23] J.H. Wilkinson, C. Reinsch：Linear Algebra, Springer-Verlag, 1971.

非線形方程式：

[24] 伊理正夫：数値計算，朝倉書店，1981．

[25] 山本哲朗：数値解析入門，サイエンス社，1976．

常微分方程式：

[26] 三井斌友，小藤俊幸：常微分方程式の解法，共立出版，2000．

索　引

$ 18
% 7
%eps 13
%f 13
%i 2
%inf 13
%nan 13
%pi 13
%t 13
' 26
( ) 17
--> 5
.' 26
... 8
// 7
: 19
; 7
>> 5
[ ] 15

A-共役 166
Aberth 法 215
ans 8
atan 12

Bi-CGSTAB 法 162
BiCG 法 162
break 35

case 37
Cauchy の積分公式 119

CGS 法 162
CG 法 162
chol 146
Cholesky 分解 142
clear 12
coeff 48
cond 159
continue 35
contour 60
conv 46
Cramer の公式 88
CRS 形式 178

dblquad 225
deconv 46
deff 4, 40, 64
degree 48
denom 49
derivat 48
diag 32
disp 8
Durand-Kerner 法 214

edit 14
eig 196
end 18
eps 13
Euler 法 211
eval 42
exec 15
execstr 43

ezmesh   3
ezplot   52
ezplot3   54

fcontour2d   65
FFT   115
fft   115
fft2   116
figure   60
find   109, 173
findstr   41
fliplr   27
flipud   27
for   34
format   9, 11
Fourier 級数   112
Fourier 係数   112
fplot2d   64
fplot3d   4, 66
Frobenius のコンパニオン行列   210
fsolve   209
full   174
function   38
fzero   208

gca   59
getf   39
GIF   70
global   39

Halley 法   212
Hankel 行列   120
help   9
helpdesk   11
helpwin   11
Hermite 行列   195
hold off   57
hold on   57
horner   49
Horner 法   216
Householder 変換   135

i   2, 11
IEEE754 規格   73
if   33
ifft   116
ifft2   116
Inf   13
inline   224
int2d   226
integrate   226
interp1   97

Krylov 部分空間   163

Lagrange の補間係数関数   100
Lagrange 補間   99
Lanczos 法   202
LaTeX   44
ldiv   50
length   23
linspace   17
loglog   56
lu   144
LU 分解   142

Maclaurin 展開   104
MATLAB   1
meshgrid   60
mfile2sci   52
mod   107
msprintf   43

NaN   13
Newton 法   210
norm   155
num2str   41
numer   49

ode   222
ode15s   222
ode45   222
otherwise   37

索引

Padé 近似　117
part　43
pcg　162
pdiv　48
pi　11
plot　3
plot2d　68
plot2d1　70
poly　46
polyder　47
polyfit　95
polyval　47

qr　133
QR アルゴリズム　195
QR 分解　132
quad　224
QZ アルゴリズム　197

realmax　75
realmin　75
Ritz 値　204
roots　207
Runge の現象　102

Schur 分解　195
Schur 変換　195
Scilab　1
scipad　15
select　37
semilogx　56
semilogy　56
sfgrayplot　65
shading　61
simp　50
Simpson 公式　224
size　24
smooth　96
sort　27
sparse　171
spec　196
spget　176

spones　173
sprintf　43
spy　174
sqrt　12
strcat　41
strcmp　41, 43
strindex　43
string　41
strrep　41
strtok　42
sum　23
surf　61
switch　37

Taylor 展開　210
tic　40
timer()　40
toc　40

Vandermonde 行列　98
varn　48

while　36

xbasc()　64
xclear　67
xdel　67
xgrid　64
xset　64
xtitle　64

悪条件　157
アンダーフロー　74
一般化固有値問題　197
陰的な方法　221
上 Hessenberg 行列　196
上三角行列　132
エディタ　14
演算　21

索　引

演算記号　13
円周率　11

オイラーの公式　113
オーバーフロー　73
オーバーロード　47
音声の特徴認識　124

階乗　89
拡張子　14, 39
仮数部　71
硬い問題　221
割線法　211
関数の定義　38

逆反復法　201
共役勾配法　162
共役転置　26
行列のノルム　155
虚数単位　2, 11

計算量　88
形式的直交多項式　121
継続行　8
桁落ち　77

高速 Fourier 変換　115
後退代入　143
コメント　7
固有値　193
固有値問題　193
固有ベクトル　193

最小二乗法　127

軸選択　152, 153
軸のラベル　59
指数部　6, 71
修正 Cholesky 分解　142
消去法　88, 146
条件数　157
常微分方程式　221

情報落ち　78
初期状態　12
初期値問題　221

数値積分　224
スプライン補間　96

正規化された 2 進浮動小数点数　72
正規方程式　131
正定値　142
線形予測モデル　124
前進代入　143
線のタイトル　59
線の種類　58

双共役勾配法　162
相似変換　194
疎行列　162, 170

対角行列　142
対称行列　142
代入　5
多項式　46

中間結果のオーバーフロー　86
直交　121
直交行列　132

ディラックのデルタ　113
ディレクトリ　51
テキスト　59
転置　26

等間隔のベクトル　16
特性多項式　193
特性方程式　193

内積　27

2 次方程式の解の公式　79

背景の色　67

比較演算　22
非線形方程式　207

ファイル　51
フォント　68
不完全 Cholesky 分解　170
不完全 Lanczos 法　204
複数の命令　8
複素 Fourier 級数　113
複素数　1, 26
符号部　71
浮動小数点数　71
プログラムの変換　52
分子の有理化　84

べき乗法　198
ベクトルの最後の要素　18
ベクトルノルム　155
変数　5
変数名　7

補間条件　95
補間多項式　95
補間点　95
ポストスクリプト　70

マーカー　58
前処理　169
マシンイプシロン　76
丸め　75
丸め誤差　75
丸めの単位　76

文字列　41
モニック　209

有限桁の数値　71
有理式　49
ユニタリ行列　195

要素の結合　20
要素の左右の反転　27
要素の指定　17
要素の上下の反転　27
要素の並べ替え　27
陽的な方法　221

離散 Fourier 逆変換　114
離散 Fourier 変換　114

著者略歴
1984 年　名古屋大学工学部応用物理学科卒業.
1986 年　名古屋大学大学院博士課程前期課程修了. 同工
　　　　学部助手, 筑波大学電子・情報工学系講師, 同
　　　　助教授を経て,
現　在　筑波大学大学院システム情報工学研究科教授.
　　　　放送大学客員教授. 博士（工学）.

主要著書
『数値計算法』（オーム社, 1998 年, 共著）
『数値計算のつぼ』（共立出版, 2004 年, 共著）
『数値計算のわざ』（共立出版, 2006 年, 共著）
『現代数理科学事典』（丸善, 2009 年, 共著）

MATLAB/Scilab で理解する数値計算

　　　2003 年 10 月 14 日　初　版
　　　2017 年 1 月 20 日　第 8 刷

［検印廃止］

著　者　櫻井鉄也（さくらいてつや）

発行所　一般財団法人　東京大学出版会

代表者　古田元夫

　　　153–0041 東京都目黒区駒場 4–5–29
　　　電話 03–6407–1069　Fax 03–6407–1991
　　　振替 00160–6–59964

印刷所　三美印刷株式会社
製本所　誠製本株式会社

ⓒ2003 Tetsuya Sakurai
ISBN 978–4–13–062450–3　Printed in Japan

[JCOPY]〈（社）出版者著作権管理機構　委託出版物〉
本書の無断複写は著作権法上での例外を除き禁じられています. 複
写される場合は, そのつど事前に,（社）出版者著作権管理機構（電話
03–3513–6969, FAX 03–3513–6979, e-mail: info@jcopy.or.jp）
の許諾を得てください.

情報	川合　慧 編	A5 判/1900 円
情報科学入門　Ruby を使って学ぶ	増原英彦 他	A5 判/2500 円
コンピューティング科学	川合　慧	A5 判/2400 円
ユビキタスでつくる情報社会基盤	坂村　健 編	A5 判/2800 円
スパコンプログラミング入門［DVD 付］ 　並列処理と MPI の学習	片桐孝洋	A5 判/3200 円
スパコンを知る 　その基礎から最新の動向まで	岩下武史・片桐孝洋・高橋大介	A5 判/2900 円
並列プログラミング入門 　サンプルプログラムで学ぶ 　OpenMP と OpenACC	片桐孝洋	A5 判/3400 円

ここに表示された価格は本体価格です．ご購入の
際には消費税が加算されますのでご了承下さい．